CINQUIÈME ÉDITION

LA FUMURE

DES

CHAMPS ET DES JARDINS

INSTRUCTION PRATIQUE

SUR L'EMPLOI DES ENGRAIS COMMERCIAUX

NITRATES — PHOSPHATES — SELS POTASSIQUES

PAR

L. GRANDEAU

Directeur de la Station agronomique de l'Est
Inspecteur général des stations agronomiques
Membre du Conseil supérieur de l'Agriculture
etc., etc.

GÉNÉRALITÉS SUR L'EMPLOI DES ENGRAIS
GRANDE CULTURE : CÉRÉALES, PLANTES SARCLÉES
CULTURE MARAÎCHÈRE ET POTAGÈRE
LÉGUMES, FLEURS
PLANTES D'APPARTEMENT ET DE SERRES
CULTURE ARBUSTIVE : ARBRES FRUITIERS, VIGNE
PRAIRIES NATURELLES
ACHAT ET CONTRÔLE DES ENGRAIS COMMERCIAUX
CULTURE DU BLÉ EN SOL PAUVRE

PARIS

LIBRAIRIE AGRICOLE DE LA MAISON RUSTIQUE
26, RUE JACOB, 26

1894

LA FUMURE

DES

CHAMPS ET DES JARDINS

CINQUIÈME ÉDITION

LA FUMURE

DES

CHAMPS ET DES JARDINS

INSTRUCTION PRATIQUE

SUR L'EMPLOI DES ENGRAIS COMMERCIAUX

NITRATES — PHOSPHATES — SELS POTASSIQUES

PAR

L. GRANDEAU

Directeur de la Station agronomique de l'Est
Inspecteur général des Stations agronomiques
Membre du Conseil supérieur de l'Agriculture
etc., etc.

GÉNÉRALITÉS SUR L'EMPLOI DES ENGRAIS
GRANDE CULTURE : CÉRÉALES, PLANTES SARCLÉES
CULTURE MARAÎCHÈRE ET POTAGÈRE
LÉGUMES, FLEURS
PLANTES D'APPARTEMENT ET DE SERRES
CULTURE ARBUSTIVE : ARBRES FRUITIERS, VIGNE
PRAIRIES NATURELLES
ACHAT ET CONTRÔLE DES ENGRAIS COMMERCIAUX
CULTURE DU BLÉ EN SOL PAUVRE

PARIS

LIBRAIRIE AGRICOLE DE LA MAISON RUSTIQUE

26, RUE JACOB, 26

1894

———

Méconnaître le progrès considérable accompli depuis une dizaine d'années dans les diverses branches de l'agriculture française, ce serait nier l'évidence.

Le trait caractéristique de ce progrès, c'est l'accroissement du rendement moyen de la terre, sous l'influence combinée de fumures plus abondantes et mieux adaptées au sol et aux récoltes, d'un meilleur choix de semences et de l'emploi d'un outillage perfectionné. D'autre part, si, tenant compte de ce progrès incontestable, on compare la production moyenne de nos terres avec celle de certaines régions de l'Europe, moins favorisées que la France sous le rapport du climat et de la qualité du sol, on ne peut s'empêcher de penser qu'il reste bien à faire encore à nos cultivateurs pour obtenir *économiquement* de la terre le maximum de produits qu'elle peut donner.

La France, bien cultivée, doit suffire à sa consommation en pain et en viande; elle devrait même être exportatrice de grains et de bétail. Ce double but sera atteint, il n'en faut pas douter, dans un avenir prochain, si, d'un côté, restreignant la culture du blé aux terres aptes à fournir un bon rendement, de l'autre, développant la culture fourragère par un meilleur traitement des prés naturels et par la création de prairies temporaires, nos cultivateurs savent et peuvent faire au sol les avances nécessaires en matières fertilisantes complémentaires du fumier de ferme.

L'*Instruction pratique sur l'emploi du nitrate et du phosphate*, dont la première édition, parue en 1890, a été suivie de tirages dont le nombre total s'est élevé à près de cent vingt mille exemplaires, avait précisément pour objet de résumer en quelques pages les conditions essentielles du progrès réalisable en culture par l'emploi judicieux des engrais commerciaux associés au fumier de ferme.

L'accueil bienveillant que cette *Instruction* a rencontrée dans le monde agricole m'a engagé à étendre le cadre de cette nouvelle édition et à réunir, sous une forme succincte, les indications essentielles pour la fumure des principales récoltes de la France.

Jusqu'ici, les végétaux de la grande culture: céréales, plantes sarclées, plantes fourragères, ont presque exclusivement bénéficié de l'emploi des engrais commerciaux. Il m'a semblé intéressant d'appeler l'attention des cultivateurs, des propriétaires de jardin et des amateurs d'horticulture sur les services que peut rendre l'application des mêmes matières fertilisantes à la production maraîchère et horticole.

De même, la culture arbustive (arbres fruitiers, vignes, houblons, etc.) doit entrer résolument dans la voie qui a été si profitable à l'agriculture proprement dite. Les cultures maraîchère, arbustive, florale et la viticulture, qui constituent une des richesses de notre pays, ont tout à gagner de l'emploi intelligent des engrais minéraux. Les quantités de fumier d'étable et d'écurie produites annuellement en France sont tout à fait insuffisantes à l'accroissement du rendement de nos terres : nos fumiers sont généralement mal traités et la majeure partie des déjections humaines et animales est perdue pour la fertilisation du sol. Il est donc de toute nécessité de recourir aux sources minérales d'azote, d'acide phosphorique et de potasse que l'industrie met à notre disposition, pour parer à l'insuffisance des fumures organiques.

Appliqués aux prairies et aux pâturages naturels, les engrais commerciaux permettent d'en doubler le rendement dans la plupart des cas; or, doubler la récolte de fourrage c'est rendre possible l'élevage et l'entretien d'une quantité de bétail double et accroître d'autant la production du fumier de ferme qui demeurera toujours l'élément fondamental de fertilisation des terres arables. Quelque bruyantes qu'aient été depuis vingt-cinq ans les attaques dirigées contre le fumier de ferme, considéré par certains esprits faux comme inutile pour l'agriculture et pouvant être remplacé exclusivement par les engrais dits chimiques, les agriculteurs sérieux et instruits — notre pays n'en manque pas — n'accordent pas de créance à ces exagérations. Ils savent que l'introduction dans le sol d'une quantité notable de matière organique est le moyen le plus sûr d'assurer l'action des engrais minéraux et de communiquer à la terre des propriétés physiques et chimiques essentielles à sa fécondité. C'est donc dans l'association du fumier de ferme aux matières minérales que l'on est certain de rencontrer le moyen le plus sûr d'accroître la fertilité de la terre.

Si l'assertion qui consiste à nier l'utilité du rôle du fumier et à admettre la possibilité de substituer, partout et en tout temps à ce précieux engrais, l'addition au sol de quelques centaines de kilogrammes d'azote ou d'acide phosphorique est, à notre sens, absolument fausse, l'erreur des cultivateurs qui repoussent les engrais minéraux, sous le prétexte, absolument dénué de fondement, que ceux-ci *épuisent* le sol, n'est pas moins complète. Continuons à employer le fumier de ferme : entourons sa récolte et sa conservation de tous nos soins et complétons son action par celle des nitrates, des phosphates, des sels de potasse, partout où nos terres accusent une proportion de ces aliments de la plante insuffisante, soit en quantité, soit en qualité : là est la vérité, chaque jour rendue plus évidente dans les exploitations rurales bien dirigées.

Deux mots encore sur un chapitre nouveau de cet opuscule. J'ai pensé être utile aux nombreux amateurs de fleurs d'appartement et de serre, en joignant à l'étude des engrais applicables en grande culture et au jardinage, quelques indications sur les mélanges nutritifs à l'aide desquels on peut entretenir les végétaux cultivés en pots et en caisses. On trouvera dans ce chapitre spécial tous les renseignements désirables à ce sujet. L'horticulture en chambre, si je puis ainsi la désigner, a pris un très grand développement et j'espère être agréable à beaucoup de personnes en leur faisant connaître les procédés très simples qui en assurent le succès.

Il ne faut point chercher dans les pages qui vont suivre, des *recettes* infaillibles, indistinctement applicables aux diverses récoltes qu'elles auraient le pouvoir de décupler comme par enchantement. Laissons aux charlatans les formules merveilleuses qui, selon eux, doivent renouveler du jour au lendemain la face de l'agriculture.

Nos visées sont moins ambitieuses : nous nous estimerons très heureux si la lecture de cet opuscule amène la conviction qu'avec quelques efforts l'agriculture française doit arriver à nourrir le pays et, grâce aux conditions exceptionnelles de climat et de sol où la nature l'a placée, permettre d'exporter chez les nations moins favorisées, à côté de produits uniques au monde, tels que nos vins et nos fruits, l'excédent de récoltes qu'elle devra au progrès cultural. Nous serions heureux d'avoir contribué à ce progrès, dans une mesure si faible que ce fût, par cette modeste étude sur la fumure des champs et des jardins.

Paris, 15 mars 1893.

L. Grandeau.

LA FUMURE

DES

CHAMPS ET DES JARDINS

I. Céréales et plantes sarclées

I. — **Remarques préliminaires.** — **Nécessité d'associer l'acide phosphorique à l'azote dans la fumure du sol.**

Les végétaux, quels qu'ils soient, plantes de
grande culture, légumes, arbustes, fleurs, etc., ne
peuvent vivre qu'à la condition de rencontrer
dans le sol, indépendamment des aliments que
leurs feuilles puisent dans l'atmosphère, des
quantités suffisantes de quelques substances
minérales dont les deux plus importantes, vu
leur rareté dans la plupart des sols, sont l'*azote*
et l'*acide phosphorique*. La chaux, la magnésie
et la potasse, beaucoup plus répandues que ces
deux corps, dans les terres de la plupart des ré-

gions de la France, font moins souvent défaut à la végétation.

Dans les sols argilo-siliceux ou siliceux, l'apport de chaux est fréquemment nécessaire; mais le chaulage peut être avantageusement remplacé par l'addition, à ces terres, de quantités un peu considérables de scories de déphosphoration : 1,000 à 2,000 kilog. à l'hectare, par exemple. Les scories, en effet, apportent près de la moitié de leur poids de chaux très assimilable, ce qui explique comment leur introduction dans le sol peut remplacer le chaulage, avec cet avantage de fournir en même temps de l'acide phosphorique à ces sortes de terres qui en manquent presque toujours.

La magnésie fait, plus souvent qu'on ne le croit, défaut dans les sols, surtout les terres non calcaires. L'addition de kaïnite est très favorable dans ce cas. — Quand tous les principes fertilisants sont abondants dans le sol, *à un état qui les rende aptes à nourrir la plante,* on obtient une abondante récolte. Si l'un seulement de ces principes manque, par son apport le rendement de la terre s'élève tout de suite dans une très notable proportion.

C'est ainsi, par exemple, que 200 kilog. de nitrate de soude, renfermant 31 kilog. environ d'azote, permettent, si la terre renferme de l'acide phosphorique, de la potasse, etc., en proportion convenable, d'obtenir 5 à 7 quintaux de froment de plus (avec la paille correspondante) que n'en produirait la même terre à laquelle on n'aurait pas donné d'azote. De même, l'emploi de 60 à 80 kilog d'acide phosphorique, si le sol, manquant de ce principe à un état assimilable, renferme assez d'azote et de potasse, élèvera notablement le rendement.

Que sont ces quelques kilogrammes d'azote et d'acide phosphorique, par rapport aux quantités des mêmes corps existant dans le champ où on les apporte ? Relativement très peu de chose, car les terres très pauvres, presque stériles en l'absence de fumure, renferment rarement à l'hectare, moins de 1,200 à 1,500 kilog. d'azote, et autant d'acide phosphorique, dans la couche de 20 centimètres où vivent les céréales, (soit de 0 gr. 04 à 0 gr. 05 d'azote ou d'acide phosphorique, par 100 grammes de terre). Les terres de moyenne qualité en contiennent toujours au moins le double. Mais l'action des faibles quantités d'azote et d'acide phosphorique ajoutées au sol, sous forme d'engrais, s'explique par l'état d'assimilabilité où ces corps se trouvent dans les matières fertilisantes employées (nitrate de soude, phosphate, etc.).

Un fait essentiel qu'il ne faut jamais perdre de vue, fait qui est acquis d'une façon absolument certaine, par les nombreuses expériences qu'on a instituées et suivies, tant en France qu'à l'étranger, c'est que les *engrais azotés* et le *nitrate de soude,* en particulier, ne donnent leur plein effet que si le sol offre, en même temps, à la plante, les quantités d'acide phosphorique assimilable et de potasse dont celle-ci a besoin. — On ferait donc, presque *en pure perte,* une dépense de nitrate de soude, en l'épandant sur une terre insuffisamment pourvue en acide phosphorique et en potasse, tandis qu'on accroît, dans une proportion très notable, parfois dans le rapport de *un à quatre*, le rendement de certaines cultures, sous l'influence combinée du nitrate et de l'acide phosphorique.

Quelques chiffres, empruntés aux quarante années de culture de Rothamsted, vont mettre cette vérité en évidence. Sir J. Bennet Lawes et le docteur Gilbert cultivent méthodiquement, depuis un demi-siècle, à la ferme expérimentale de Rothamsted, les principales plantes agricoles, dans le même sol diversement fumé. Voici, en ce qui regarde l'action du nitrate de soude, employé seul ou conjointement avec les phosphates, les moyennes des résultats tout à fait significatifs de trente années consécutives de culture de blé, seize années d'orge et neuf années d'avoine.

L'augmentation du rendement, à l'hectare, en grain et en paille, comparativement à celui d'un sol demeuré sans fumure, par l'emploi de 100 kilog. de nitrate, suivant qu'il a été additionné ou non de phosphate, a été la suivante :

BLÉ

	Grain.	Paille.
Avec phosphate	217 kil.	566 kil.
Sans phosphate	101	269
Différence	116 kil.	297 kil.

ORGE

	Grain.	Paille.
Avec phosphate	492 kil.	662 kil.
Sans phosphate	288	479
Différence	204 kil.	183 kil.

AVOINE

Avec phosphate	204 kil	369 kil.
Sans phosphate	159	269
Différence	45 kil.	100 kil.

POMMES DE TERRE

Avec phosphate	1.250 kil.
Sans phosphate	308
Différence	942 kil.

Il résulte donc clairement de ces chiffres qu'il importe, pour obtenir du nitrate de soude le maximum de récolte qu'il peut donner, que le champ où on le répand contienne une quantité d'acide phosphorique assimilable suffisante pour assurer le développement complet de la végétation.

J'indiquerai plus loin les proportions d'acide phosphorique, sous ses différentes formes, à appliquer aux principales récoltes avec le nitrate de soude, pour assurer l'effet maximum de ce précieux agent de fertilisation. Nous verrons à cette occasion que les excèdents de rendement en grains, paille et tubercules que je viens de citer ont été, fréquemment, très notablement dépassés dans la pratique.

S'il est une vérité surabondamment démontrée par la pratique agricole comme par les recherches physiologiques des agronomes, c'est la nécessité de la présence dans le sol, en quantité suffisante et sous une forme assimilable de *tous* les aliments fondamentaux de la plante. C'est dans la réalisation, par l'apport d'engrais convenablement choisis, étant donnée la nature chimique d'un sol, que réside l'art de la fumure.

L'indication des moyens *économiques* à mettre en œuvre pour atteindre ce but est l'objet spécial de cette instruction.

II. — L'azote nitrique, agent essentiel des fumures azotées.

L'azote nitrique, qui forme l'élément actif du nitrate de soude, est l'aliment azoté, *par excellence*, des végétaux.

C'est sous la forme d'acide nitrique, combiné avec la chaux, la magnésie et les autres bases, que les sols fertiles offrent aux plantes leur alimentation azotée. Il est démontré aujourd'hui que l'action fertilisante du fumier de ferme, comme celle des engrais organiques : cuir, corne, laine, plumes, sang desséché, débris de viande et, en général, de tous les détritus animaux, ne se manifeste qu'après la transformation en nitrates des matières azotées qui constituent la plus grande partie de leur valeur.

Le processus chimique qui donne naissance, dans les champs, aux nitrates dont se nourrissent nos récoltes est le même, à l'intensité près du phénomène, que celui auquel les régions tropicales doivent les amas gigantesques de nitrate, aujourd'hui exploités pour le plus grand profit de l'agriculture. Dans nos terres, comme au Chili et au Pérou, un organisme microscopique se charge, ainsi que l'ont établi les belles recherches de MM. Schlœsing, Müntz et Marcano, de transformer les détritus azotés animaux en nitrates, avec cette différence, en faveur des régions tropicales des côtes du Nouveau-Monde, que le nitrate de chaux produit s'y transforme, au contact du sel marin, en nitrate de soude beaucoup moins soluble que le nitrate de chaux ou de magnésie. Le nitrate de soude s'accumule, en l'absence de pluies, pour former, à la longue, ces gisements colossaux, réserve de longtemps inépuisable à laquelle nous demandons aujourd'hui l'accroissement de nos récoltes.

Sous notre climat, au contraire, une grande partie des nitrates formés dans le sol par l'oxydation de l'azote des matières organiques, est entraîné dans le sous-sol par les pluies. Du sous-sol, il s'écoule dans les sources, ruisseaux rivières et finalement s'en va à la mer. De là, la nécessité d'importer du nitrate dans nos terres pour en maintenir et en accroître la fertilité.

Les résultats des expériences physiologiques concernant le rôle des nitrates dans la végétation ont été constamment confirmés par la pratique agricole. Depuis l'époque, déjà éloignée, à laquelle Boussingault a établi la valeur alimentaire du nitrate pour les plantes, toutes les recherches scientifiques et les résultats culturaux sont venus sanctionner les observations de l'éminent agronome. A l'heure qu'il est, la question est absolument résolue : c'est le nitrate, directement introduit dans le sol ou résultant de la transformation des autres engrais azotés, qui nourrit nos récoltes de céréales.

Les principaux avantages de l'emploi du nitrate dans la pratique agricole sont les suivants :

1° Le nitrate sert directement à l'alimentation de la plante. N'ayant pour cela à subir aucune modification dans la terre, il agit donc beaucoup plus rapidement que les autres engrais azotés d'origine organique, l'action de ces derniers étant subordonnée à leur nitrification préalable.

2° La rapidité avec laquelle le nitrate est absorbé par les végétaux met promptement ceux-ci en état de résister, par leur vigueur et par leur développement, aux intempéries, à l'action des insectes nuisibles et aux parasites.

3° Dans les années à hivers rigoureux, le nitrate employé en couverture, sur les blés et les seigles, permet aux semailles d'automne de réparer le retard produit sous l'influence de conditions climatériques défavorables.

4° Enfin, comme nous allons en donner la preuve, le nitrate accroît économiquement, d'une manière très notable, le rendement de la plupart des cultures.

Nous commencerons par étudier son influence sur les céréales.

III. — Influence du nitrate de soude sur le rendement des céréales d'automne et de printemps.

On possède aujourd'hui un assez grand nombre d'expériences méthodiquement conduites, pour fixer approximativement l'*excédent* de grain et de paille que le cultivateur peut attendre de l'emploi du nitrate, *en sol suffisamment*

*pourvu des autres aliments de ces plantes et no-
tamment d'acide phosphorique.*

Par expériences méthodiquement conduites,
j'entends celles où ont été exactement déterminées les quantités de matières fertilisantes employées, le poids et la qualité des récoltes obtenues,
ainsi que l'ensemble des conditions culturales.

L'*excédent* de grain et de paille représente le
nombre de kilogrammes de ces produits récoltés
en plus, par hectare, sous l'influence du nitrate.
Cet excédent est déduit d'expériences compara-
tives faites sur une même surface de terre dans
des conditions identiques de sol et de fumure,
sauf une : l'addition de nitrate. Dans son intéressant travail sur l'influence du nitrate de soude,
M. le docteur Stutzer, directeur de la Station
agronomique de Bonn (1), a réuni et discuté
plusieurs centaines d'expériences culturales sur
le blé, l'avoine, l'orge et le seigle. En écartant
les résultats qui, pour un motif ou pour un autre,
peuvent sembler douteux, M. Stutzer est arrivé, comme moyenne des récoltes sur lesquelles
il a pu recueillir des données certaines, aux ac-
croissements de rendement suivants :

100 kilog. de nitrate de soude à l'hectare, employés *conjointement avec un engrais phosphaté*,
ont donné les excédents de récolte que voici :

	Grain.	Paille.
Froment...............	270 kil.	574 kil.
Seigle......	281	540
Orge...................	510	673
Avoine............	537	823

(1) *Le nitrate de soude, son importance et son emploi
comme engrais*, in-12. Paris, 1887, Gauthier-Villars.

Ces excédents de rendement ont été dépassés dans certains cas (1), mais il est prudent, dans les discussions de l'ordre qui nous occupe, d'écarter les chiffres extrêmes et de se baser sur des moyennes résultant du plus grand nombre de données comparables, parmi celles qui ont été recueillies.

Etant admis que les chiffres ci-dessus sont plutôt inférieurs aux résultats que l'on peut atteindre en grande culture, dans un sol en bon état, par l'emploi du nitrate, nous les prendrons comme point de départ des calculs relatifs à la plus-value que le salpêtre du Chili, associé aux phosphates, permet d'espérer.

Dans les cultures qui ont servi de bases à l'étude de M. Stutzer, la quantité d'acide phosphorique a varié, suivant les sols, avec la forme sous laquelle on l'a introduite, de 30 à 80 kilog. à l'hectare et par 100 kilog. de nitrate employés. J'estime que, dans les terres de qualité moyenne, qui n'ont pas été délaissées par les cultivateurs et qui ont antérieurement reçu des fumures moyennes, l'addition à 100 kilog. de nitrate, de 60 kilog. d'acide phosphorique assimilable (dans les phosphates naturels, scories phosphatées, phosphate précipité) ou moitié de ce poids, soit 30 kilog. d'acide soluble dans l'eau (superphosphates) et plus aisément disséminable dans le

---

(1) La composition du sol, sa fécondité naturelle ou acquise, influent considérablement, cela va de soi, sur les résultats obtenus avec une fumure additionnelle : tout ce qui va suivre doit donc être regardé seulement comme une indication générale touchant la plus-value résultant de l'emploi des fumures.

sol par suite de cette solubilité, suffiront pour assurer le plein effet du salpêtre du Chili.

En doublant la dose de nitrate, on doublera celle du phosphate et c'est cette composition d'engrais que je prends pour base des calculs relatifs à la plus-value de la récolte ; soit à l'hectare, 200 kilog. de nitrate et 60 ou 120 kilog. d'acide phosphorique, suivant son état (1).

La dépense de fumure à l'hectare est facile à établir.

Le nitrate coûte actuellement (février 1893), à Dunkerque, 23 fr. 50 à 24 fr. les 100 kilog. à 95 0/0 de pureté garantie par les vendeurs (2) Admettons, pour simplifier les calculs qui vont suivre, un prix moyen de 25 fr. les 100 kilog. pour le nitrate vendu dans les diverses régions de la France.

Le sel pur contenant 16,47 0/0 d'azote, le nitrate à 95 0/0 de pureté en renferme seulement 15,65 0/0.

Au prix de 22 fr. les 100 kilog., le nitrate de soude offre l'azote à 1 fr. 406, soit 1 fr. 41 le ki-

---

(1) Cette dose de nitrate peut être fréquemment diminuée. 150 kilog. et même 100 kilog. suffisent dans beaucoup de terres en état moyen de fumure antérieure. L'expérience directe peut seule renseigner exactement le cultivateur sur ce point. En prenant pour point de départ des calculs une dose de 200 kil. de nitrate à l'hectare, je vise particulièrement les sols pauvres en azote.

(2) En 1890, il valait 19 fr. 25. Le 6 mars 1890, il était même descendu à 18 fr. 70 les 100 kilog. à la Bourse de Lille, ce qui mettait le kilog. d'azote à 1 fr. 19. Depuis deux ans les prix se sont relevés. Les compagnies qui exploitent les nitrières du Chili et du Pérou ayant, d'un commun accord restreint l'extraction du nitrate brut tombé à un prix qui cessait d'être rémunérateur pour elles.

log.; à 25 fr. les 100 kil., l'azote coûte 1 fr. 60 le kil. (1).

L'acide phosphorique soluble dans l'eau (superphosphate) vaut environ 0 fr. 50 le kilog. Dans les scories, l'acide, insoluble à l'eau et malgré cela très assimilable, vaut de 0 fr. 23 à 0 fr. 27, et dans les phosphates naturels en poudre fine, également assimilables, le prix du kilogramme d'acide phosphorique varie de 0 fr. 22 à 0 fr. 26, suivant le lieu des marchés.

En vue de simplifier les calculs et pour éviter des mécomptes touchant la valeur de l'acide phosphorique, je prendrai, comme prix moyen, 0 fr. 60 le kilog d'acide dans les superphosphates, et 0 fr. 30, dans les phosphates insolubles, frais de transport compris, à la gare la plus voisine de l'exploitation. Dans les sols siliceux, silicéo-argileux et argileux, l'acide phosphorique insoluble (scories et phosphates naturels) donne des résultats au moins égaux à ceux qu'on obtient avec le superphosphate. Dans les sols très calcaires, le superphosphate est préféré aux phosphates insolubles, sans qu'on ait pu jusqu'ici expliquer clairement les causes de la différence d'action entre les deux formes de phosphates.

Les cultivateurs auront donc à déterminer leur choix entre ces deux formes principales de

---

(1) Dans le sulfate d'ammoniaque à 30 fr. les 100 kilog. (à 20 0/0, cours de 1892) l'azote coûte 1 fr. 50 le kilog. et dans les autres engrais azotés moins rapidement assimilables, il se paye de 1 fr. 30 à 1 fr. 70 le kilog. (Sang, corne, cuir, etc.)

phosphates, d'après la nature de leur sol et les résultats obtenus par eux (1).

Je supposerai qu'un cultivateur qui veut fumer abondamment sa terre, en vue de la culture des céréales de printemps ou d'automne lui applique aux époques convenables que nous rappelons plus loin, les quantités suivantes d'engrais :

200 kilog. nitrate de soude............
 60 kilog. acide phosphorique soluble, } à l'hectare.
ou 120 kilog. acide phosphor. insoluble..

La dépense résultant de l'achat de ces engrais sera, au cours actuel du marché (2), de

200 kilog. nitrate, à 25 fr. les 100 kil..   = 50 fr. »
 60 kilog. acide phosphorique à 0 fr. 60 }
ou 120 kilog. acide phosphorique à 0 fr. 30 } = 36 fr. »
____
86 fr. »

Soit une avance au sol de 86 fr., sous forme d'engrais, par hectare de terre.

Supposons que les excédents de récoltes produits par cette fumure correspondent aux

____

(1) Dans les sols siliceux et argileux, j'ai constamment obtenu des rendements aussi élevés avec doses égales d'acide phosphorique apportées au sol par les superphosphates et par les scories de déphosphoration. Il appartiendra aux cultivateurs de se rendre compte par des expériences directes de la préférence à donner à la forme sous laquelle ils fourniront l'acide phosphorique à leur terre. Le plus souvent, ils constateront, je crois, qu'il n'existe pas à beaucoup près une différence du simple au double entre la valeur agricole du superphosphate et des phosphates minéraux réduits en poudre fine.

(2) Dans ces prix, il est tenu compte du transport. Ce sont les prix moyens auxquels le cultivateur doit pouvoir se procurer les matières fertilisantes rendues dans le voisinage de son exploitation.

moyennes relevées, pour l'ensemble des expériences faites dans des sols très divers, ils seront de :

A l'hectare	Grain		Paille	
Froment.......	5 q.m.	40	11 q.m.	48
Seigle.........	5	62	10	80
Orge..........	10	24	13	46
Avoine........	10	74	16	46

Voyons, maintenant, quelle sera la plus-
value, en argent, de ces excédents de récolte :

D'après la *Statistique officielle* du ministère
de l'agriculture, les prix moyens pour la France
entière ont été les suivants en 1890 (1) :

	Le quintal		Paille	
Blé................	24 fr.	98	4 fr.	47
Seigle............	17	25	4	47
Orge	17	96	3	» (2)
Avoine...........	19	56	3	»

D'après ces chiffres, la valeur vénale de *l'excédent* produit par l'addition de nitrate de soude et
de phosphate, s'établit comme suit :

BLÉ

Grain............	5 q.m. 40 à 24 fr. 98	=	134 fr. 89
Paille	11 q.m. 48 à 4 47	=	51 31
Valeur de l'excédent de récolte........			186 fr. 20
A déduire, prix de l'engrais			86 »
Bénéfice net..................			100 fr. 20

(1) Ces prix n'ont pas été atteints dans la dernière
campagne. Je les ai conservés dans cette nouvelle édition parce qu'ils représentent assez exactement la
moyenne des années ordinaires. Il sera aisé à chaque
intéressé d'appliquer le cours du marché local aux calculs qui suivent.
(2) La paille d'orge, peu abondante d'ailleurs sur les
marchés, n'est pas cotée : nous lui donnons la valeur de
la paille d'avoine à laquelle elle est supérieure comme
valeur nutritive.

SEIGLE

Grain............	5 q.m. 62 à 17fr.25 =	96fr.94
Paille	10 q.m. 80 à 4 50 =	48 28
Valeur de l'excédent de récolte.......		145fr.22
A déduire, prix de fumure............		86 »
Bénéfice net.................		59fr.22

ORGE

Grain	10 q.m. 20 à 17fr.96 =	183fr.19
Paille...........	13 q.m. 46 à 3 » =	40 38
Valeur de l'excédent de récolte........		223fr.57
A déduire, pour fumure...............		86 »
Bénéfice net.................		137fr.57

AVOINE

Grain	10 q.m. 74 à 19fr.56 =	210fr.75
Paille.	16 q.m. 46 à 3 » =	49 38
Valeur de l'excédent de récolte.......		260fr.13
A déduire, pour fumure..............		86 »
Bénéfice net.................		174fr.13

Le bénéfice produit, par l'avance d'une somme de 86 francs en engrais, sera donc, pour un hectare :

De 100fr.20 pour le blé, soit de.....	116fr.51	0/0
De 59 22 pour le seigle, soit de..	68 60	0/0
De 137 57 pour l'orge, soit de.....	159 40	0/0
Et de 174 13 pour l'avoine, soit de...	202 30	0/0

du capital engagé.

Le prix de revient du quintal de grain *excédent*, obtenu par l'emploi du nitrate associé au phosphate, peut se déduire de ces chiffres par un calcul très simple, consistant à retrancher du prix de la fumure, la valeur de l'excédent de paille récoltée et à diviser le reste par le nombre de kilogrammes de grain produit (1). En effectuant ces deux opérations, on arrive aux résultats suivants :

86 fr. (fumure) — 51 fr. 31 (valeur de la paille) = 34 fr. 69

$$\frac{34 \text{ fr. } 69}{5 \text{ q. } 40} = 6 \text{ fr. } 40 \text{ le quintal d'excédent.}$$

Un calcul analogue donne, pour les autres céréales :

Seigle..............................	6 fr. 70
Orge..............................	4 52
Avoine..............................	3 48

D'après cela, les excédents de rendements que la discussion des expériences sur les céréales a conduit M. Stutzer à indiquer comme moyennes des résultats, sont largement rémunérateurs, même lorsque les prix tombent au-dessous de ceux de 1890, et de nature à déterminer les cultivateurs soucieux de leurs intérêts à expérimenter la fumure économique que nous leur recommandons.

Pour les céréales de printemps, on peut, lorsque le temps n'est pas pluvieux, épandre avant la semaille de l'orge et de l'avoine le mélange de nitrate et de phosphate aussi uniformément que possible à la surface du sol, puis l'enfouir à une faible profondeur par un dernier labour. L'emploi du semoir d'engrais assure cette répartition mieux que l'épandage à la

---

(1) Le calcul rigoureux exigerait qu'on tînt compte de l'excédent de dépenses pour les frais de récolte que nous négligeons ici.

volée, mais il n'est pas indispensable. Si le temps
était pluvieux, au moment de la semaille, il serait préférable de ne répandre que le phosphate
et de réserver au moins la plus grande partie
du nitrate pour le répandre lorsque l'avoine ou
l'orge auront atteint la hauteur de 12 à 15 centimètres.

Quant aux terres destinées aux cultures d'hiver, blé et seigle, que nous examinerons plus
loin, c'est avant l'hiver qu'il faut leur donner le
phosphate. Ce dernier pour agir sur la récolte,
doit être incorporé au sol avant le dernier labour
d'automne.

Nous verrons plus loin que la fabrication récente, sur une échelle industrielle, du phosphate de potasse et du phosphate d'ammoniaque
permet de recourir, dans certains cas, à l'emploi
des phosphates en couverture sur les céréales
d'hiver.

Pour celles-ci, le cultivateur épandra le nitrate en couverture, en une ou plusieurs fois,
très également, à dose variant de 60 à 200 kilos,
suivant l'état de fumure de sa terre. Si les champs
sont largement pourvus d'acide phosphorique,
cette fumure complémentaire donnera son
plein effet; dans le cas contraire, l'augmentation
de récolte résultant de l'application de nitrate
sera encore rémunératrice, l'excédent de grain
et paille récoltés devant égaler, au minimum, la
moitié des poids indiqués plus haut, c'est-à-dire
une valeur (argent) d'au moins 60 à 80 francs
par hectare.

Une pratique excellente, surtout dans les années pluvieuses, consiste à fractionner l'épan-

dage du nitrate, pour s'opposer le plus possible à son entraînement dans le sous-sol par les eaux pluviales. C'est au moment où la végétation est active qu'a lieu l'utilisation la plus complète de l'azote nitrique par la plante.

IV. — Utilisation de l'azote du nitrate par les céréales. — Comparaison du nitrate avec le fumier de ferme, au point de vue de l'utilisation de l'azote.

A quelle quantité d'azote nitrique ou de nitrate, ce qui revient au même, correspond un excédent de récolte de 100 kilos de grain avec la paille correspondante? Telle est la question économique qu'il est facile de résoudre en partant des excédents moyens de rendement indiqués par M. Stutzer.

100 kilog. de nitrate, contenant 15 kilog. 65 d'azote, ont donné un excédent moyen sur la récolte du même sol sans nitrate, de :

	Grain	Paille
Froment........	270 kil.	574 kil.
Seigle..........	281	540
Orge...........	510	673
Avoine.........	537	823

En divisant le poids d'azote (15 kilog. 65) employé, par l'excédent en grain récolté, on obtient la quantité d'azote correspondant à une production d'un quintal de grain, avec sa paille, en plus qu'en l'absence du nitrate : on trouve ainsi :

	Azote		Nitrate de soude
	kil.		kil.
Pour 100 kil. blé et sa paille, une quantité d'azote de.........	5.796	correspondant à	37.035
Pour 100 kil. de seigle	5.569	—	35.590
Pour 100 kil. d'orge...	3.068	—	19.600
Pour 100 kil. d'avoine	2.914	—	18.620

La première conséquence de ces constatations numériques est que l'excédent de récoltes s'obtient pour les céréales de printemps, avec une dépense d'engrais azoté, sensiblement moitié moindre de celle qu'exigent les céréales d'hiver La conclusion générale est que 6 kilog. d'azote environ, soit 40 kilog. de nitrate, permettent d'obtenir un excédent de rendement (pour le blé et pour le seigle) d'un quintal de grains, plus sa paille, tandis que 3 kilog. d'azote nitrique suffiraient, en moyenne, pour produire le même excédent en grains et paille d'orge et d'avoine. La totalité de l'azote de l'engrais ne se retrouve pas, tant s'en faut, dans l'excédent de grains et de paille de la récolte. On sait, en effet, que le nitrate de soude est facilement entraîné dans le sous-sol par les eaux pluviales, le pouvoir absorbant du sol ne s'exerçant pas sur l'acide nitrique. En effet, si l'on rapproche les quantités totales d'azote, contenues dans ces excédents de récolte, des poids d'azote nitrique qui ont aidé à les produire, on arrive aux constatations suivantes :

BLÉ

	Azote contenu dans l'excédent de récolte — kil.	Azote du nitrate — kil.	Azote non récupéré par la récolte — kil.
q. m. 0/0 kil.			
Grain. 2.70 à 2.08 azote=5.616 ⎫ Paille. 5.74 à 0.48 — =2.755 ⎭ = 8.371	8.371	15.650	diff. : 7.279

SEIGLE

Grain. 2.81 à 1.76 azote=4.946 ⎫ Paille. 5.40 à 0.40 — =2.160 ⎭ = 7.106	7.106	15.650	diff. : 8.544

ORGE

Grain. 5.10 à 1.60 azote=8.160 ⎫ Paille. 6.73 à 0.64 — =4.307 ⎭ =12.467	12.467	15.650	diff. : 3.183

AVOINE

Grain. 5.37 à 1.76 azote=9.451 ⎫ Paille. 8.23 à 0.56 — =4.609 ⎭ =14.060	14.060	15.650	diff. : 1.590

Il résulte de cette comparaison qu'en supposant que tout l'azote de l'excédent de récolte vienne du nitrate employé, ce qui n'est pas, l'utilisation *maxima* du nitrate par les récoltes, serait la suivante, pour les diverses céréales :

	Azote utilisé 0/0	Azote perdu 0/0	
Blé.............	53.49	+ 46.51	= 100
Seigle.........	45.40	+ 54.60	= 100
Orge..........	79.72	+ 20.28	= 100
Avoine........	89.84	+ 10.16	= 100

Les céréales d'hiver (seigle et blé) se comportent donc, d'après cela, très différemment des cé-

réales de printemps (orge et avoine), sous l'influence du nitrate. Ce n'est point ici le lieu de
discuter les questions que soulèvent ces comparaisons *théoriques* : je me borne à les signaler
à l'attention des directeurs des Stations agronomiques comme un intéressant sujet d'études.

Pourquoi, avec une quantité égale de nitrate
de soude, — c'est le fait qui résume les nombreux essais de cultures rapportés par M. Stutzer — l'avoine et l'orge donnent-elles un excédent moyen, en grain et paille, double de celui
du blé et du seigle ? Tel est le problème physiologique posé et dont la solution doit être cher-
chée expérimentalement.

Les chiffres indiqués par M. Stutzer, comme
représentant la moyenne des excédents obtenus,
résultent en effet d'un grand nombre d'expériences en sols différents ; il y aurait donc lieu d'étudier la question dans des conditions de sols bien
déterminées.

Un autre point de vue de la question, étroitement lié aux faits que je viens de discuter, concerne la récupération *pratique*, par la récolte,
de l'azote donné sous différentes formes par la
fumure aux diverses céréales.

Quelle est la quantité d'azote des fumures re-
trouvée effectivement dans les récoltes au bout
d'une certaine période de culture de la même
céréale? Quelle quantité d'azote des fumures,
par contre, demeure inutilisée par les plantes?
Comment se comportent comparativement le
nitrate de soude, le sulfate d'ammoniaque et
l'azote organique (fumier de ferme, tourteau, etc.)
sous ce rapport?

Une longue succession de la même plante sur le même sol, avec détermination de la composition des fumures et de celles des récoltes, peut seule permettre de répondre à ces divers points d'interrogation.

Ces études ont été faites dans la ferme expérimentale de Rothamsted, annexe de la Station agronomique fondée dans le Herts par sir J. Bennet Lawes, vers 1840, et continuées sans interruption jusqu'à ce jour, par l'éminent agronome et son collaborateur de la première heure, le docteur Gilbert. Un résumé sommaire des résultats constatés à Rothamsted trouvera naturellement place ici.

Dans leurs recherches magistrales sur la culture des céréales, sir J. Bennet Lawes et le docteur Gilbert ont étudié la question de l'utilisation de l'azote par le blé, l'orge et l'avoine pendant des périodes assez longues (vingt années pour les deux premières récoltes et trois années seulement pour l'avoine), pour en pouvoir déduire des conclusions très importantes au point de vue pratique.

Connaissant, d'une part, la quantité d'azote apportée sous diverses formes, par les fumures affectées, sans variation ni discontinuité, pendant vingt ans, à la même plante ; ayant, de l'autre, déterminé par l'analyse les quantités d'azote contenues dans les récoltes, ces savants agronomes ont déduit, de la comparaison de ces deux données, les taux pour cent d'azote de l'engrais récupéré par l'excédent de produits (grain et paille).

Je résume dans le tableau suivant les résultats de ces importantes recherches :

ENGRAIS AZOTÉS A L'HECTARE ET PAR AN En sols pourvus de principes minéraux : acide phosphorique, potasse, etc.	TAUX p. 100 de l'azote de l'engrais	
	Récupéré par l'excédent de récolte.	Non récupéré par l'excédent de récolte.
BLÉ		
Sels ammoniacaux = 45 k. 9 az.	32.4 0/0	67.6 0/0
Id. Id. = 91 k. 9 az.	32.9 —	67.1 —
Id. Id. = 137 k. 8 az.	31.5 —	68.5 —
Id. Id. = 183 k. 7 az.	28.5 —	71.5 —
Nitrate de soude.. = 92 k. » az.	45.3 —	54.7 —
Fumier de ferme.. = 224 k. » az.	14.6 —	85.4 —
ORGE		
Sels ammoniacaux = 45 k. 9 az.	48.1 —	51.9 —
Id. Id. et nitrate = 91 k. 9 az.	49.8 —	50.2 —
Tourteaux......... = 106 k. » az.	36.3 —	63.7 —
Fumier de ferme.. = 224 k. » az.	10.7 —	89.3 —
AVOINE		
Sels ammoniacaux = 91 k. 9 az.	51.9 —	48.1 —
Nitrate de soude .. = 92 k. » az.	50.4 —	49.6 —

D'après cela, le blé, l'orge et l'avoine utilisent de 45 à 51 0/0, soit moitié, en nombre rond, de l'azote du nitrate. Deux faits des plus intéressants ressortent de ce tableau ; ils concernent le fumier et le sulfate d'ammoniaque : 10 à 15 0/0 seulement de l'azote du fumier de ferme se retrouvent dans l'excédent de la récolte obtenue. par rapport à un sol non fumé ; la récupération de l'azote du sulfate d'ammoniaque dans la culture du blé s'élève à peine au tiers de la teneur de l'engrais en ce principe, tandis que l'orge et l'avoine utilisent le sulfate d'ammoniaque presque aussi bien que le nitrate.

La première conclusion générale, qui se dégage de ces comparaisons, c'est que *l'azote soluble (nitrate ou sulfate), et en particulier celui du nitrate est l'aliment azoté le plus favorable à la production des céréales.*

Après l'azote soluble, vient l'azote des tourteaux de graines oléagineuses, dont l'utilisation dépasse dans la culture de l'orge, la proportion (36 0/0). constatée pour le sulfate d'ammoniaque dans le cas du blé (28 à 30 0/0); en dernier lieu se range l'azote du fumier de ferme, la culture du blé durant vingt années consécutives n'ayant fixé que 14.6 0/0 de l'azote du fumier : celle de l'orge, moins encore, 10.7 0/0.

De ces dernières constatations, du plus haut intérêt économique, il résulte que le nitrate de soude est au taux actuel de 23 à 25 fr. les 100 kilos, une source d'azote pour les végétaux, bien moins chère que le fumier de ferme.

Autrement dit, partout où le cultivateur ne pourra pas se procurer à un prix très bas, le fumier que son exploitation ne lui fournirait pas en quantité suffisante pour ses récoltes, il aura intérêt à lui substituer le nitrate de soude associé au phosphate et au besoin à la potasse, si la terre manque de cet élément, cas assez rare dans la plupart des régions de la France.

Pour se convaincre de l'économie de cette substitution, il suffit de comparer la valeur du fumier, d'après sa richesse en azote, acide phosphorique et potasse, à celle des mêmes quantités de principes fertilisants achetés dans le commerce, en tenant compte de l'utilisation de l'azote par la récolte, constatée par sir J. Lawes et le docteur Gilbert.

D'après les prix actuels de l'azote dans le nitrate de soude (1 fr. 60 le kilog.), de l'acide phosphorique soluble (0 fr. 60 le kilog.) et de la potasse (0 fr. 40 le kilog.), la valeur du fumier basée sur sa teneur en ces principes fertilisants, serait la suivante :

Le fumier de ferme, *moyennement consommé*, renferme en moyenne par 1,000 kilog. :

```
Azote................. 5 kil. » à 1 fr. 60 = 8 fr.  »
Acide phosphorique 2 kil. 6 à 0 fr. 60 = 1 fr. 56
Potasse ............. 6 kil. 3 à 0 fr. 40 = 2 fr. 52 (1)
            Valeur des 1,000 kil....  12 fr. 08
```

Le mélange minéral qui renfermerait les mêmes quantités de principes fertilisants, cotés aux mêmes prix, serait le suivant :

```
32 kil. 65 nitrate de soude à 15 65 0/0 az. coûtant 8 fr. »
21 kil. 08 superphosphate à 12 0/0 acide        )
        phosphorique coûtant........ 1 fr. 56  } 1 fr. 56
32 kil. 05 phosphate minéral à 16 0/0.. 1 fr. 56 )
12 kil. 06 chlorure de potassium à 50 0/0, coûtant 2 fr. 52
                                                 12 fr. 08
```

Mais, en raison de la très grande inégalité d'u-

---

(1) Les valeurs attribuées à l'azote, à l'acide phosphorique et à la potasse sont celles de ces substances dans les engrais commerciaux.

tilisation de l'azote des deux fumures, plus de trois fois supérieure pour le nitrate (dans le rapport de 50 à 15 = 3, 33), c'est une quantité plus que triple, c'est-à-dire 3,333 kilog. de fumier qui équivaudrait à la fumure minérale pour les céréales. Il faudrait donc, pour que l'équilibre se rétablit, que le fumier de ferme ne coutât que $\frac{12 \text{ fr. } 08}{3.33}$ la tonne, soit 3 fr. 60.

Comme nous n'avons compté dans le calcul de la valeur du fumier que ses trois principaux éléments, nous admettrons une plus-value, sur ce prix de 3 fr. 60, de 2 fr. 40 pour la chaux, la magnésie, la matière organique, etc. Lors donc que le cultivateur, obligé d'acheter du fumier, ne pourra se le procurer au prix de 6 fr. les 1,000 kilog., il aura avantage à répartir le fumier produit dans son exploitation sur une surface double ou triple, suivant le cas, de celle qu'il pourrait fumer à dose suffisante au fumier de ferme, s'il avait assez d'engrais, et à compléter ses fumures par l'emploi du nitrate de soude, des phosphates et, au besoin, des sels potassiques.

Le rôle du fumier de ferme ne consistant pas uniquement dans un apport d'acide phosphorique, d'azote et de potasse, mais aussi dans la modification des propriétés physiques et chimiques de la terre, par l'introduction des matières organiques dans le sol, il est de beaucoup préférable de répandre le fumier de ferme, à moitié dose, sur deux hectares par exemple et de recourir pour le reste de la fumure aux engrais minéraux, plutôt que de fumer isolément un hectare au fumier de ferme et l'autre exclusivement avec des engrais minéraux.

V. — Froment. — Seigle. — Méteil. — Orge. — Avoine. — Leurs exigences.

Le petit tableau ci-dessous indique les quantités des trois principes fondamentaux des engrais commerciaux : azote, acide phosphorique et potasse contenus dans 100 kilogrammes de blé, de seigle et de méteil et dans la paille correspondante. Ce sont des chiffres *moyens*, susceptibles de varier, mais dans d'étroites limites seulement, avec les sols, les variétés cultivées et les autres circonstances (1).

Azote, acide phosphorique et potasse contenus dans : (en nombres ronds)	100 k. blé et sa paille	100 k. seigle et sa paille	100 k. méteil et sa paille
Azote..............	2 k. 32	2 k. 96	2 k. 64
Potasse...........	2 k. 66	3 k. 16	2 k. 91
Acide phosphor..	1 k. 46	1 k. 60	1 k. 58 (2)

(1) Nous avons pris, comme base des calculs qui nous ont conduits aux chiffres ci-dessus, les données suivantes :

100 kil. de blé (grain) correspondant à 58 ou 59 kil. de paille :

100 kil. de seigle (grain) correspondant à 300 kil. de paille :

100 kil. de méteil supposé, pour simplifier l'exemple, un mélange à parties égales de blé et de seigle, donnant 180 kil. de paille. — Voir l'*Epuisement du sol par les récoltes*, in-12, Hachette.

(2) 100 kilogr. d'orge et la paille correspondante renferment 2 k. 50 d'azote; 1 k. 95 d'acide phosphorique; 1 k. 97 de potasse. — Un quintal d'avoine et sa paille contiennent : azote 3 k. 02, acide phosphorique 1 k. 31, potasse 4 k. 15.

Pour fixer les idées, supposons une exploitation produisant, à l'hectare, 15 quintaux de chacune de ces céréales avec la paille correspondante, la récolte contiendra les quantités suivantes de chacun des trois principes fertilisants :

Aliments assimilés	Récolte : 15 quintaux métriques grain et paille correspondante		
	Blé	Seigle	Méteil
Azote...................	34 k. 80	44 k. 40	39 k. 60
Potasse.................	39 90	47 40	43 65
Acide phosphorique.....	21 90	24	22 95

Ces quelques chiffres donnent une idée des exigences des céréales d'hiver, idée qui se présentera sous une forme plus saisissante si nous transformons en *nitrate de soude, phosphate de chaux* et *chlorure de potassium* les poids d'azote, d'acide phosphorique et de potasse, fixés par cette récolte de 15 quintaux à l'hectare.

Nature de l'engrais	Quantité d'engrais en nombres ronds		
	Blé	Seigle	Méteil
Nitrate de soude...............	223 kil	284 kil.	254 kil.
Chlorure de potassium à 50 0/0 (1)	80	95	87
Phosph. à 16 et 17 0/0. Scories (2).	132	145	139
Ou supersphosphate à 12 0/0 (2).	182	200	191
Ou phosphate minéral à 22 0/0 (2).	100	110	105

(1) De potasse réelle.
(2) D'acide phosphorique réel.

Nous ferons remarquer, tout de suite, que les rapprochements entre les poids d'engrais représentant les quantités d'azote, d'acide phosphorique et de potasse contenus dans une récolte, ne sont pas ceux, qu'il soit *suffisant* ou *nécessaire*, suivant les cas particuliers, d'introduire dans un hectare de terrain, pour obtenir une récolte de 15 quintaux de grain, avec la paille correspondante. Cela tient à ce que les conditions en jeu dans la culture tendent à rendre ces chiffres tantôt trop élevés, tantôt trop bas et c'est la pratique, c'est-à-dire l'expérience fondée sur les faits bien observés, qui nous servira à indiquer les doses de phosphates, de sels de potasse et de nitrate à apporter par les engrais, pour amener le sol à une fertilité voisine de celle qui permet de récolter 15 quintaux de grain à l'hectare.

En effet, d'une part, la terre arable de qualité moyenne, bien labourée et propre, fournit aux plantes une bonne partie des aliments qui leur sont nécessaires ; de l'autre, la totalité des matières fertilisantes apportée par la fumure est loin d'être utilisée par les récoltes, même dans les conditions les plus favorables, c'est-à-dire lorsque les engrais sont aussi bien disséminés que possible dans la couche arable. Il résulte de ces deux conditions, qui agissent en sens contraire, que, dans les terres *riches*, les quantités d'azote, d'acide phosphorique et de potasse indiquées par la composition de la récolte étant, en majeure partie, fournies par la réserve du sol, l'engrais ne fera que compléter la fertilité naturelle de la terre et n'aura qu'à lui fournir un contingent de tel ou tel principe nutritif, inférieur aux exigences finales de la récolte. Dans les terres très pauvres, au contraire, les exigences des végétaux ne pourraient pas être satisfaites par l'apport des quantités d'engrais correspondantes à leur teneur en azote, potasse, etc., puisque la totalité de ces engrais n'est jamais, dans l'année, utilisée par la récolte. La fumure, dans ce cas, devra être plus élevée que ne l'indique la composition de la récolte. Enfin, en ce qui regarde le nitrate de soude que les pluies entraînent si facilement dans le sous-sol, la couche arable n'ayant pas la faculté de retenir l'acide nitrique comme elle fait de l'acide phosphorique et de la potasse, la quantité à employer devra dépasser d'autant plus celle qu'indique la composition de la récolte, que le sol sera plus pauvre en azote, plus perméable et le climat plus humide.

Les indications données plus haut n'ont donc qu'une valeur relative. Cependant, elles peuvent utilement servir à des calculs sur l'épuisement, par les diverses céréales d'un sol dont on connaîtrait la composition ; mais comme nous le disions à l'instant, c'est à des expériences culturales répétées dans des terres de composition variable, expériences multipliées au point de donner aux moyennes qui en résultent une valeur susceptible de généralisation, qu'il faut avoir recours pour fixer le dosage des engrais à appliquer à la culture d'une plante et en particulier à celle des céréales.

VI. — **Des engrais pour céréales d'hiver.** — **Fumier de ferme.** — **Phosphates divers.** — **Sels de potasse.** — **Nitrate de soude.**

Le fumier de ferme est l'engrais par excellence : il apporte au sol, en même temps que les éléments minéraux indispensables à l'alimentation des plantes, la matière organique, qui, en se transformant en humus, joue un rôle si utile, au point de vue de l'ameublissement de la couche arable.

Malheureusement, nous ne produisons pas, en France, à beaucoup près, la quantité de fumier nécessaire à l'entretien de la fertilité de nos terres et, de plus, nous perdons par notre négligence, une bonne partie des matières fertilisantes contenues dans le fumier et le purin.

Cette insuffisance dans la production du fumier, il nous faut la combler par l'emploi des engrais commerciaux.

Reprenons donc la comparaison du fumier à ces derniers, sous le rapport de sa teneur en azote, en acide phosphorique et en potasse.

La composition du fumier de ferme est éminemment variable, avec l'alimentation du bétail qui le produit et avec la nature de la litière.

Pour fixer les idées, nous avons admis comme terme de comparaison un très riche fumier moyennement consommé Nous serons certain, par là, d'avoir un terme de comparaison nous donnant toute sécurité pour le calcul des poids d'engrais complémentaires à employer.

La comparaison peut s'établir ainsi qu'il suit, comme nous l'avons dit tout à l'heure, avec les engrais commerciaux :

1,000 kilogr. de fumier renfermant	Quantités correspondantes d'engrais commerciaux (en nombres ronds)
Azote 5 k. 0.....	= 33 kil. nitrate de soude à 15,6 0/0.
Potasse 6 k. 3...	= 12 kil. chlorure potassium à 50 0/0. = 53 kil. kaïnite, à 12 0/0.
Acide phospho-rique 2 k. 6....	= 15 kil. scories, à 16-17 0/0. = 21 kil. superphosphate, à 12 0/0. = 12 kil. phosphate minéral, à 22 0/0.

On peut considérer comme une *faible* fumure, 20,000 kilog. de fumier à l'hectare ; comme une fumure *moyenne*, 40,000 kilog. et, comme une *forte* fumure, 60,000 kilog.

Voyons, à titre de renseignement, quels poids d'engrais commerciaux il faudrait employer, si l'on voulait apporter au sol les quantités d'azote, d'acide phosphorique et de potasse contenus dans 60 tonnes de fumier de ferme. En appliquant les données que nous venons de rappeler, on trouve les poids suivants, en nombres ronds :

Nitrate de soude, 1,920 kilog.

Acide phosphorique, suivant l'état auquel le considère :

(*a*). Scories de déphosphoration, 945 kil., (*b*). Superphosphate, 1,300 kilogr.

(*c*). Phosphate minéral en poudre, 710 kilogr.

Potasse, à l'état de chlorure, 756 kilog. : à l'état de sulfate (kaïnite), 3,150 kilogr.

En réalité, par suite des différences très grandes que présentent, au point de vue de leur assimilabilité par les plantes, les mêmes principes fertilisants contenus dans le fumier et dans les engrais minéraux, la substitution ne doit pas se faire d'après les proportions indiquées par ce calcul arithmétique. Il y a lieu, en effet, de présenter à ce sujet quelques remarques importantes :

1° L'azote des nitrates est beaucoup mieux utilisé, comme nous l'avons vu, par les végétaux que celui du fumier et l'expérience a montré qu'il suffit de donner, à l'état de nitrate, le cinquième environ de la quantité d'azote que renferment 60 tonnes de fumier, pour obtenir un résultat au moins égal. (380 kilogr. de nitrate de soude constituent pratiquement une très forte fumure azotée.)

2° La quantité de phosphate fourni à la terre, sous forme insoluble doit, au contraire, être sensiblement égale à celle qu'apporterait le fumier de ferme. Parfois, une plus-value d'un tiers à moitié, suivant les sols, peut être attribuée au superphosphate comparé aux phosphates insolubles, dans les terres calcaires notamment : cela tient sans doute à la plus grande diffusibilité de l'acide phosphorique du superphosphate et, pour une part aussi, à la teneur de cet engrais en sulfate de chaux. Dans les sols argileux, silicéo-argileux, sablonneux ou tourbeux, les scories de déphosphoration et la plupart des phosphates de chaux naturels, réduits en poudre très fine, ont une action fertilisante égale et parfois supérieure à celle des superphosphates, à poids égal d'acide phosphorique.

3° Si l'on excepte les sols tourbeux, extra-calcaires ou sableux, on peut, le plus souvent, s'abstenir de l'emploi des sels de potasse, le sol renfermant cette base en quantité suffisante. La magnésie manque plus fréquemment qu'on ne le croit communément dans les sols ; aussi, pour certaines terres, l'emploi de la kaïnite renfermant 16 à 18 0/0 de sulfate de magnésie, est-il recommandable, de préférence au chlorure de potassium, lorsqu'on a recours à un engrais potassique.

En tenant compte des remarques précédentes et en s'appuyant sur les expériences les mieux suivies et les plus concluantes, on peut indiquer approximativement les quantités d'acide phosphorique, d'azote et, le cas échéant, de potasse, à substituer à 60,000 kilog. de fumier de ferme.

60,000 kilog. de fumier de ferme peuvent être remplacés, dans la pratique agricole, au point de vue des principes fondamentaux (azote, acide phosphorique et potasse), par des quantités d'engrais chimiques correspondant aux taux suivants :

    Acide phosphorique réel....   125 kilog. (1).
    Azote nitrique...............   60   —
    Potasse réelle   60   —

Suivant les quantités de fumier de ferme dont on disposera, on fera varier proportionnelle-

---

(1) Beaucoup de fumiers de ferme, ainsi que nous l'avons dit, sont moins riches en azote, acide phosphorique et potasse, que celui dont j'indique plus haut la composition ; le taux d'acide phosphorique tombe souvent au-dessous de 2 0/0 et celui de l'azote au-dessous de 4,5 0/0. 125 kilogr. d'acide phosphorique correspondent donc à la richesse d'un fumier moyen de bonne qualité, 60 kilogr. d'azote représentant largement le 1/5 de la teneur de 60,000 kilogr. de fumier moyen, en azote et 60 kilogr. de potasse, plus du 1/5 de la teneur du fumier, en cette base.

ment les poids d'acide phosphorique, d'azote et de potasse que nous venons d'indiquer.

Le prix de la fumure chimique, substituée à 60 tonnes de fumier de ferme, s'élèvera au maximum à 170 fr. par hectare ; il peut même être évalué à moins de 160 fr., en partant des cours moyens de chacun des principes qui entrent dans les engrais minéraux, savoir :

```
125 kil. acide phosphorique à 0 fr. 30 le kil.  =  37 fr. 50
 60  — azote nitrique à..... 1 fr. 60     —   =  96 fr.  »
 60  — potasse à........... 0 fr. 40      —   =  24 fr.  »
                      Total..............  = 157 fr. 50(1)
```

Les deux tableaux ci-dessous résument les formules de fumures *équivalentes,* suivant qu'on emploiera, à l'hectare, 60, 40 ou 20 tonnes de fumier ou qu'on aura recours aux engrais commerciaux seuls :

TABLEAU I

Quantités d'azote, d'acide phosphorique et de potasse remplaçant le fumier de ferme.

FUMIER DE FERME	DANS LES ENGRAIS CHIMIQUES		
	Azote	Acide phosphorique	Potasse
1. 60.000 kil.	néant	néant	néant
2. 40.000 kil.	20 kil.	42 kil.	20 kil.
3. 20.000 kil.	40 —	83 —	40 —
4. Pas de fumier	60 —	125 —	60 —

(1) Ces prix sont au moins égaux, sinon supérieurs à ceux que la culture peut obtenir par l'intermédiaire des syndicats. Ils correspondent à 25 fr. les 100 kil. de nitrate de soude, 50 fr. les 1,000 kil. de scories de déphosphoration et 22 fr. 50 les 100 kil. de chlorure de potassium.

Suivant la nature des phosphates et des sels de potasse auxquels on donnera la préférence, il faudra employer les quantités indiquées ci-dessous :

TABLEAU II

Quantités (nombre rond) de phosphate, de nitrate et de sels de potasse à ajouter au fumier de ferme, par hectare (1).

Fumier de ferme	Nitrate de soude	Scories	Phosphate minéral	Super-phosphate	Kaïnite	Chlorure de potassium
1. 60.000 kil.	néant	néant	néant	néant	néant	néant
2. 40.000 kil.	130 k.	255 k.	255 k.	230 k.	170 k.	40 k.
3. 20.000 kil.	260	510	510	460	340	80
4. Pas de fumier.	390	765	765	690	510	120

VII. — Prix de revient de la fumure minérale d'un hectare de blé dans ces diverses conditions.

Laissant de côté la valeur du fumier de ferme, que chacun de nos lecteurs pourra évaluer d'après les conditions de son exploitation, valeur qui dépendra surtout du mode de comptabilité

---

(1) La dose d'acide phosphorique donnée à l'hectare, à l'état de superphosphate, peut être d'un tiers inférieure à celle qu'apporteraient les scories de déphosphoration (28 kilogr. au lieu de 42 kilogr., et ainsi de suite). Il y a lieu, inversement, d'augmenter d'un tiers environ, par rapport aux scories, la quantité d'acide phosphorique donnée sous forme de phosphate minéral (56 kilogr. au lieu de 42 kilogr., et ainsi de suite). Aucune règle absolue ne peut être formulée à l'égard de ces équivalences, les nombres que nous indiquons résultent d'expériences culturales, mais ils pourront être modifiés utilement par les cultivateurs, suivant les conditions locales de leur exploitation. (Nature du sol, etc.)

adopté, je me contenterai d'indiquer la dépense correspondant à l'achat des engrais chimiques, dans les trois cas que j'ai envisagés plus haut : n° 4, forte fumure, n° 3, fumure moyenne, n° 2, faible fumure chimiques :

	Fr. c
N° 2. — Nitrate de soude : 130 kil. à 25 les 100 kil................................	32 50
Scories 255 kil. à 50 fr. les 1,000 kil...	12 75
Ou superphosphate : 230 kil. à 6 fr. 25 les 100 kil............ 14 40	
Ou phosphate minéral : 255 kil. à 4 fr. 50 les 100 kil............ 11 47	
	10 60
Kaïnite : 170 kil. à 6 fr. 25 les 100 k. ou chlorure potassium à 22 fr. 50 les 100 kil......... 9 »	
Soit....... Fr.	55 85

Avec superphosphate et chlorure, la fumure coûtera le même prix, 55 fr. 85.

Avec phosphate minéral et chlorure, 53 fr. seulement.

On ne dépensera donc pas 56 fr. à l'hectare, pour l'engrais commercial complémentaire de 40,000 kilogr. de fumier.

La formule n° 3, coûterait le double, soit 112 fr. à ajouter au prix de 20,000 kilogr. de fumier et la formule n° 4. (pas de fumier, engrais chimique seul) reviendrait à 168 francs environ.

Ces chiffres peuvent servir de base aux calculs du cultivateur désireux d'employer les engrais chimiques, soit seuls, soit conjointement, ce qui est préférable, avec des quantités variables de fumier de ferme.

Rappelons encore que, dans la plupart des sols, on pourra faire l'économie des sels de potasse, ce qui ramènera la dépense, à l'hectare, à

160 francs, au maximum, pour une forte fumure en engrais chimiques substitués au fumier de ferme.

VIII. — Emploi du nitrate dans la culture des plantes sarclées. — Pommes de terre, betteraves, navets, turneps, etc.

Si les céréales sont les plantes dans la culture desquelles l'emploi du nitrate donne le maximum de rendement, les plantes sarclées, loin d'être indifférentes à ce mode d'alimentation, s'en trouvent très bien et peuvent, à son aide, donner des excédents de rendements très rémunérateurs.

Comme pour les céréales, si le sol est imparfaitement pourvu en phosphate, l'addition de cette matière au nitrate augmente très notablement le rendement.

La moyenne de 51 essais de culture de pommes de terre et de 17 essais de culture de betteraves à sucre, avec le nitrate seul, a permis à M. le docteur Stutzer de constater les excédents de rendement suivants par 100 kilog. de nitrate de soude :

Pommes de terre........	10 q. m. 12
Betteraves..............	20 — 29

tandis qu'avec le phosphate, employé simultanément avec le nitrate, les excédents ont été de :

Pommes de terre..........	12 q. m. 92 (18 essais)
Betteraves................	24 — 16 (55 essais)

L'expérience a montré qu'il n'y a aucun avantage économique à dépasser, à l'hectare, une certaine dose de nitrate dans la fumure du sol destiné à la pomme de terre et à la betterave : 200 kil. pour les premières et 250 à 300 kil. pour les secondes sont les doses moyennes qu'il convient d'employer. Le nitrate n'augmente pas la richesse en fécule des pommes de terre, cette dernière dépendant avant tout de la variété cultivée. Comme pomme de terre industrielle, la *Richtèr's imperator* doit être conseillée ; elle donne à la fois un très fort rendement en tubercules et une grande richesse de ces derniers en fécule (1).

Le nitrate, qui accroît très sensiblement le poids de betteraves à sucre récolté à l'hectare, n'élève pas le taux du sucre dans cette racine : on a même prétendu qu'il le diminuait parfois dans des proportions notables, ce qui n'est pas exact. M. le professeur Mœrcker qui a étudié expérimentalement la question dans de nombreux essais faits dans six fermes différentes, est arrivé à cette conclusion qu'une fumure de 400 kilog. de nitrate de soude à l'hectare (dose trop forte) comparativement à l'emploi de 200 kilog. du même sel, n'a provoqué qu'une diminution de 0.21 0/0 dans le taux du sucre et un abaissement du degré de pureté de 0,38 0/0 seulement, dans 71 essais entrepris sur de nombreuses variétés de betteraves sucrières. Le cultivateur n'a donc pas à redouter l'emploi du ni-

______

(1) Voir le remarquable mémoire de M. A. Girard, *La Pomme de terre industrielle*, 2ᵉ édition, in-8°, chez Gauthier-Villars. Paris, 1891.

trate de soude pour la fumure de la betterave, aux conditions suivantes :

1° Cultiver une bonne variété, riche en sucre;

2° Employer de la semence de première qualité et de provenance qui assure la pureté de la variété;

3° Joindre une fumure phosphatée à l'emploi du nitrate, de manière à ne pas retarder la maturation de la betterave.

4° Incorporer le nitrate au sol avant l'ensemencement et ne pas l'employer en couverture (ce qu'il faut également éviter de faire pour la pomme de terre);

5° Planter les betteraves à de faibles écartements et faire quatre ou cinq binages.

En suivant ces prescriptions, le cultivateur n'aura qu'à se louer de l'emploi du nitrate, à la dose de 250 à 350 kilog. au maximum pour les betteraves, et de 200 à 250 kilog. pour les pommes de terre, dans des sols de richesse moyenne.

Du rapprochement de tous les essais comparables faits méthodiquement sur la betterave à sucre, sur la betterave fourragère et sur la pomme de terre, M. le docteur Stutzer a déduit les excédents de rendements obtenus à l'hectare avec 100 kilog. de nitrate de soude associés aux quantités d'acide phosphorique que nous indiquons plus loin. Voici ces excédents :

Betteraves................	48 q. m.	52
Pommes de terre........	15	94
Navets, turneps.........	49	86

Les deux premières cultures étant de beaucoup les plus importantes pour la France, je m'occuperai d'elles principalement dans les calculs qui vont suivre.

Procédant comme je l'ai fait pour les céréales, je prendrai pour base de ces calculs les prix moyens du quintal, pour la France entière, d'après la statistique agricole officielle (année 1890) (1).

La valeur moyenne du quintal a été la suivante :

Pommes de terre............	5 fr.	43 (2)
Betteraves fourragères......	2	06
Betteraves à sucre..........	2	23

POMMES DE TERRE

La dépense en engrais s'établit comme suit :

100 kil. nitrate de soude à 25 fr....	25 »
15 kil. acide phosphorique à 0 fr. 60 ou 30 kil. à 0 fr. 30..............	9 »
Dépense totale de fumure...	34 »

Excédent de rendement produit par cette fumure, comparativement au même sol non fumé :

Pommes de terre 15 q. m. 94, à 5 fr. 43 =	86 fr. 55
A déduire pour fumure......	34 »
Bénéfice......	52 fr. 55

Soit 153 0/0 de la dépense d'engrais.

L'emploi de 200 kilog. de nitrate additionnés de la quantité correspondante d'acide phospho-

---

(1). Statistique agricole annuelle publiée par le ministère de l'agriculture, année 1890. Imprimerie nationale, 1891, in-4°.

(2) La campagne de 1892 a été particulièrement mauvaise pour la culture, au point de vue du prix de la pomme de terre qui est tombé à 3 fr. les 100 kilos et même moins dans certaines régions.

rique (30 kilog. à 60 kilog., suivant l'état de ce dernier) doublerait le rendement et porterait le bénéfice à 105 francs environ à l'hectare.

BETTERAVES

La plus-value dans le rendement étant, pour les betteraves fourragères, au moins égale à celle que le nitrate donne avec la betterave sucrière, nous appliquerons le chiffre moyen de 48 quintaux 52 aux deux récoltes.

Le compte de fumure s'établit alors comme suit :

```
    100 kil. nitrate de soude..............   25 fr.   »
    (1) 30 kil. acide phosphorique 0 fr. 60
        ou 60 kil. à 0 fr. 30..............   18        »
                                             ─────────
        Dépenses de fumure......           43 fr.   »
```

Valeur des excédents de récolte :

Betteraves fourragères

```
    48 q. 52 à 2 fr. 06  le quintal = 99 fr. 95
        Dépense de fumure.....      43         »
                                   ─────────
            Bénéfice........       56 fr. 95
```

Soit 138 0/0 de la dépense.

Betteraves sucrières

```
    48 q.  52 à 2 fr. 23 = 108 fr. 20
        Dépense de fumure....    42        »
                                ─────────
            Bénéfice.......     69 fr. 20
```

Soit 158 0/0 de la dépense.

---

(1) La quantité d'acide phosphorique exigée par une récolte de pommes de terre est sensiblement moindre de moitié de celle qu'enlève une récolte de betteraves.

La récolte moyenne, à l'hectare, en France est de 71 q. m. de pommes de terre, celle de la betterave à sucre étant de 270 q. m. (année 1888), ce qui correspond, d'après la richesse en acide phosphorique des deux plantes, à un prélèvement moyen de 25 kil. 3 pour la betterave et 11 kil. 360 pour la pomme de terre (les feuilles et les fanes de ces plantes, demeurant sur le sol et retournant à la terre, ne sont pas comprises dans ce calcul).

Dans les deux cas, la dépense sera donc largement rémunératrice, alors même que la moyenne indiquée pour les excédents de rendement, par M. Stutzer, ou le prix du quintal s'abaisseraient notablement par suite de circonstances locales.

Le nitrate employé à la fumure des plantes racines ne doit jamais être répandu à la surface du sol après la levée des plantes ; il doit être introduit dans le sol avec le dernier labour ; l'épandage du nitrate en couverture a toujours donné de mauvais résultats dans la pratique. Tout ce que nous avons dit précédemment à propos des céréales relativement à l'emploi simultané du fumier de ferme à doses variables et d'engrais minéraux s'applique également aux plantes sarclées.

IX. — De la préparation du sol et de l'épandage des engrais.

De toutes les opérations desquelles dépendent les hauts rendements du sol, la première et non la moins importante est le nettoyage de la terre, à laquelle on va confier les engrais, ensuite la semence.

Tous les végétaux, en effet, vivent de la même manière. Qu'elles soient utiles à l'homme, ou qu'elles ne lui servent de rien, les plantes dont les semences se rencontrent spontanément dans un champ et celles que nous y apportons consomment les mêmes aliments.

Toutes ont besoin de phosphate, de nitrate, de sels de potasse, de magnésie, de chaux, etc. Les mauvaises herbes, aussi bien que le blé, l'avoine ou la pomme de terre, assimilent les substances nutritives contenues dans la terre ou dans la fumure. Il résulte de là que tout ce qui sert à nourrir la mauvaise herbe est perdu pour les récoltes, sans compter la dépréciation qui frappe les pailles, s'il s'agit des céréales, lorsque les mauvaises herbes ont envahi nos champs.

Le nettoyage du sol s'impose donc, en premier lieu. Le déchaumage est une excellente pratique : il consiste à arracher à la houe à main, à la charrue ou au scarificateur, suivant l'importance de la culture, les chaumes des blés, des seigles, des colzas, etc. et à les enfouir immédiatement après la moisson, pour permettre aux graines des mauvaises herbes de germer.

Quand les plantes nuisibles, provenant de ces semences, auront acquis un certain développement, un labour qui les enterrera avant qu'elles aient pu fleurir et grainer, en débarrassera le cultivateur. Le déchaumage est bien préférable à un labour qu'on donnerait immédiatement après la moisson. L'opération doit être superficielle, en effet, afin que les graines, à peine recouvertes de terre, puissent germer à la première pluie. La charrue enfouirait beaucoup trop profondément les semences que le labour d'automne ramènerait à la surface, leur permettant ainsi de germer en même temps que le blé ou le seigle. Les mauvaises herbes envahiraient de nouveau la sole des céréales.

Si le champ à déchaumer est infesté par le chiendent, l'agrostis, l'oseille sauvage et autres plantes vivaces à racines traçantes, il faut se garder d'abandonner sur le sol, après le déchaumage, ces maudites plantes. Même exposées pendant longtemps à l'ardeur du soleil, après leur arrachage, elles ne meurent point et n'attendent qu'une pluie pour s'implanter de nouveau dans le sol. Il faut donc les enlever à l'aide du rateau à main ou à cheval, suivant la dimension du champ, les réunir en tas et les *brûler*.

En définitive, toutes les opérations qui auront pour résultat, tant avant la semaille qu'au cours de la végétation, de détruire les plantes étrangères à la récolte qu'on se propose, feront bénéficier d'autant cette récolte des matériaux nutritifs du sol et des engrais.

Le sol, étant bien propre, doit être préparé à recevoir la semence par des labours, hersages, etc., et par l'addition d'une fumure convenable.

Je n'ai pas à parler ici des labours et autres opérations mécaniques propres à chaque culture et qui sont bien connues de mes lecteurs. Je me bornerai à insister sur l'utilité des labours répétés, au point de vue de l'action des engrais. Plus l'ameublissement et la division d'un sol qui a été bien fumé est considérable, plus la dissémination de l'engrais qui en est la conséquence est parfaite, plus grande sera la facilité qu'auront les plantes de développer leurs racines, organes essentiels de l'assimilation des

matières fertilisantes et plus élevé, par conséquent, sera le rendement de la terre (1). Le nombre des labours dépendra d'un ensemble de conditions spéciales à chaque exploitation, telles
que la constitution physique du sol et sa com-
pacité, la nature de la récolte antérieure et de
celle que l'on prépare, etc. Les connaissances
pratiques du cultivateur le guideront, en cela,
mieux que ne pourraient le faire de courtes indications.

J'arrive aux soins à prendre pour l'épandage
des engrais et leur incorporation au sol.

C'est au moment des labours d'automne qu'il
convient d'introduire les phosphates minéraux
ou le superphosphate dans le sol : le nitrate de
soude devra être exclusivement employé *en
couverture*, au printemps.

Si l'on a recours aux scories ou au phosphate
minéral en poudre fine, l'un des modes les plus
économiques d'emploi consiste à le répandre à
l'étable sur les fumiers. Suivant les quantités que
l'on aura décidé de donner au sol auquel on réserve le fumier, on fera varier la dose de phosphate de 200 à 500 grammes au plus, par jour et
par tête de bétail. Plus l'état de ténuité auquel
le phosphate minéral est réduit sera considérable et plus il se disséminera dans le sol sous l'influence du labour, mieux il sera assimilé par les

____

(1) Des expériences récentes de M. Schlœsing semblent favorables à l'application des engrais en lignes,
entre les plantes qu'elles doivent nourrir. Mais ces intéressants essais ont besoin d'être répétés avant
qu'on en tire des conclusions immédiatement applicables à la pratique agricole

récoltes. L'épandage du phosphate sur le fumier à l'étable aide à cette dissémination. Le superphosphate et le plâtre mélangés au fumier ont la propriété de s'opposer à la perte de l'ammoniaque à l'étable (1).

L'avantage principal du superphosphate est de se disséminer, grâce à l'humidité du sol et de diffuser dans un rayon plus étendu du point où il est tombé sur la terre, lors de son épandage, que ne le peuvent faire les phosphates nisolubles.

On a considéré jusqu'ici que la condition essentielle à remplir, dans l'application de toutes les matières fertilisantes au sol, pour en assurer le maximum d'efficacité, est d'opérer aussi parfaitement que possible sa dissémination dans la couche de terre où les plantes vont puiser leur alimentation. D'épaisseur variable, suivant la nature des récoltes, cette couche, on l'admet jusqu'ici, sera d'autant plus féconde que les matières fertilisantes y seront plus également distribuées. D'après les récentes expériences de M. Schlœsing que semblent confirmer indirectement les observations que j'ai faites l'an dernier dans mon champ d'expériences du Parc des Princes, il y a lieu d'expérimenter les procédés

---

(1) Pour l'épandage des scories de déphosphoration, l'emploi du semoir est indispensable, la semaille à la volée offrant des dangers pour l'homme qui l'exécute, à raison des poussières métalliques que les scories renferment toujours. Ces poussières, sans parler de leui action sur les mains du semeur, peuvent causer des accidents graves si elles pénètrent dans les bronches. C'est une raison de plus pour épandre les scories sur le fumier de l'étable.

qui consistent à semer l'engrais, en rigoles, en poquets, entre les lignes de plantes, etc.

J'ai constaté, en 1892, dans mes essais de culture de la pomme de terre qu'*à dose égale de phosphate*, à l'hectare, les rendements maxima ont été obtenus par l'emploi des phosphates les plus riches absolument parlant, ce qui tendrait à montrer, comme les expériences de M. Schlœsing, que l'alimentation de la plante se fait d'autant mieux que les racines rencontrent, en un point, une agglomération de principes nutritifs. Peut-être y aura-t-il lieu de modifier le système de répartition des engrais dans le sol, lorsque les expériences de M. Schlœsing et les miennes auront reçu une confirmation qui permette de généraliser les résultats que nous avons obtenus. En attendant, il me paraît prudent de ne pas renoncer à disséminer le mieux possible les matières fertilisantes dans la couche arable.

En grande culture, le but est plus complètement atteint par la distribution de l'engrais au semoir que par l'épandage à la volée. Un bon semoir, convenablement réglé, peut répandre uniformément, sur le sol, telle quantité d'engrais qu'aura fixée le cultivateur, d'après les besoins de sa terre.

Si l'on sème à la volée, seul système praticable pour les petites cultures, il est bon de faire l'opération en deux fois : on partagera l'engrais à distribuer en deux parties égales ; la première sera semée dans le sens de la longueur du champ, et la deuxième dans le sens de la largeur, perpendiculairement, par conséquent, à la direction suivie par le semeur dans la première opération. Un ouvrier intelligent corrigera, en augmentant ou diminuant suivant le cas, la quantité d'engrais semée au second tour, les inégalités de la première répartition.

Il faut choisir, pour semer les engrais pulvérulents, une journée calme afin d'éviter l'inégale répartition qu'entraînerait l'action du vent.

Une pratique excellente consiste à mélanger, à l'engrais à semer à la volée, une certaine quantité de terre fine passée au tamis ou du plâtre (ce dernier est très utile si l'engrais est humide). On augmente ainsi le volume de la matière à distribuer sur une surface donnée et on en rend la répartition égale plus facile.

Toujours en vue d'assurer la plus grande homogénéité dans la répartition de l'engrais, il est préférable de faire à l'avance, sur l'aire d'une grange, le mélange des diverses substances, qu'on veut employer, dans des proportions qu'on a fixées au préalable. Ce mélange sera rendu aussi intime que possible. Supposons, pour fixer les idées, qu'on veuille employer un mélange formé de 200 kilogrammes de nitrate de soude, 250 kilog. de phosphate minéral, scories, etc., etc., et 100 kil. de sels de potasse. On étendra sur le sol, par couches superposées, les trois sortes d'engrais sur une surface assez grande pour que le mélange ait 25 à 30 centimètres de hauteur, comme si l'on voulait préparer un compost; cela fait, à l'aide d'une pelle on coupera et recoupera en tous sens le tas formé, jusqu'à ce que le mélange paraisse tout à fait homogène, ce que la couleur des différents engrais permettra de reconnaître aisément.

Si l'on veut employer simultanément le nitrate de soude et le superphosphate, il faut absolument éviter de mélanger à l'avance ces deux engrais. L'acide de superphosphate réagissant sur le nitrate de soude peut décomposer partiellement ce dernier, ce qui entraînerait une perte d'azote nitrique ; le mieux est de faire alors la semaille en deux fois.

La terre fine, au cas où l'on en emploierait, sera introduite de la même manière. Cette préparation qui demande des soins et un peu de temps trouvera largement sa rémunération dans l'uniformité du mélange à semer.

II. Culture maraîchère

X. — Les engrais commerciaux et la culture maraîchère.

A de rares exceptions près, la culture maraîchère, le jardinage, la floriculture et l'arboriculture n'ont pas eu recours à l'emploi de fumures autres que le fumier de ferme. L'attention des horticulteurs et des arboriculteurs semble s'être portée presque exclusivement sur la création des mille variétés qui font l'admiration des amateurs ou les délices des gourmets. De même, dans le jardinage proprement dit, les efforts des praticiens se sont concentrés, avec succès, sur l'obtention ou l'acclimatation d'espèces et de variétés nouvelles, sans que le mode d'alimentation des végétaux ait paru préoccuper les producteurs. Ces branches spéciales de de la culture ont beaucoup à attendre de la voie ouverte dans la production agricole par l'emploi des succédanés du fumier.

Il s'agit d'une part importante de la richesse agricole du pays. En effet, sans parler des cultures florales, de celle des fleurs à parfum notamment qui occupent une place si considérable dans la région méridionale, au sujet desquelles les données statistiques nous manquent pour en évaluer l'étendue et la valeur, la culture maraîchère à elle seule représente un chiffre annuel de production voisin d'un milliard de francs.

D'après la dernière enquête décennale (1882), la superficie des jardins potagers et maraîchers s'étendait sur 429,701 hectares fournissant annuellement une production évaluée à plus de 900 millions de francs, ce chiffre pouvant, à coup sûr, être considéré comme inférieur à la réalité

. Les jardins destinés à l'alimentation de la famille couvraient, à eux seuls, près des trois quarts de la surface maraîchère totale (339,698 hectares), et les terrains cultivés, en vue de la vente des légumes, occupaient une surface de 90,000 hectares environ. Depuis dix ans, l'étendue de ces cultures a dû augmenter sensiblement; l'enquête décennale qui se poursuit en ce moment nous fixera sur l'importance de cet accroissement.

Les cultures arborescentes fruitières, châtaigneraies, oliviers, mûriers, vergers, jardins (vignes non comprises, bien entendu), s'étendent ensemble sur près de 850,000 hectares. La récolte annuelle des pommes et poires comestibles ou destinées à la préparation des cidres, représentaient en 1882, près de 20 millions de francs; celle des autres arbres fruitiers, s'élevait à une valeur de plus de 6 millions. On voit par ces quelques chiffres que l'ensemble de ces diverses cultures maraîchères, horticoles et fruitières couvre dans notre pays des surfaces considérables et mérite, par conséquent, qu'on étudie l'application à leur production des méthodes de fumure dont l'agriculture proprement dite commence à recueillir des fruits si manifestes au point de vue de l'accroissement des rendements.

Il est un autre point de vue de la question dont il convient de dire un mot à propos de la fumure des cultures maraîchères et arbustives.

On sait combien sont nombreuses les maladies parasitaires, sans parler des insectes, qui s'attaquent aux cultures maraîchères et aux arbres fruitiers. Il n'est pas d'année, de mois pour ainsi dire, qu'on ne signale l'apparition de nouveaux ennemis de ces récoltes Or, s'il est un fait physiologique bien établi, c'est l'inégalité de résistance aux parasites végétaux ou animaux de deux plantes de même espèce dont l'une est bien nourrie, vigoureuse, et dont l'autre, faute d'alimentation, est languissante ou maladive. Les êtres vivants résistent d'autant mieux à ces invasions parasitaires que leur nutrition est plus parfaite, leurs organes mieux développés, les fonctions de ces derniers mieux assurées par une alimentation suffisante, en qualité et en quantité. L'exemple de la résistance au phylloxera de certains vignobles abondamment fumés et croissant dans un sol largement pourvu d'éléments minéraux assimilables, d'acide phosphorique notamment, est là pour prouver que chez les plantes, comme chez les animaux et chez l'homme lui-même, l'état particulier que l'on désigne sous le nom de *misère physiologique* est l'une des causes principales de la facilité avec laquelle les affections parasitaires ou microbiennes ont raison d'un individu. C'est pourquoi, pour le dire en passant, on ne saurait trop donner d'attention dans les régions, comme la Champagne, où le fléau phylloxérique commence à se montrer, à la fumure du sol. Sans doute cela ne suffit pas et l'on doit expérimenter les insecticides en vue de la destruction de l'insecte ; mais, en attendant et, sans perdre de temps, il faut apporter au sol, en abondance, les aliments de la vigne qui y font défaut. On retardera, d'autant, l'affaiblissement du cep par l'action du parasite et l'on aura chance de l'empêcher de succomber pendant assez longtemps pour que l'application d'un insecticide, approprié aux conditions locales du sol, produise son effet, permette à la vigne de résister aux atteintes du phylloxera et de continuer, malgré la présence du terrible insecte, à donner une récolte.

Les altérations de l'écorce et celle des fruits des poiriers, par exemple, les tavelures, comme les appellent les jardiniers, disparaissent sous l'influence d'une forte fumure phosphatée. J'ai eu, il y a quelques années, l'occasion de conseiller à d'habiles arboriculteurs l'emploi, à haute dose, des scories de déphosphoration dans le sol qui devait recevoir des plantations d'arbres fruitiers et l'application du même engrais à des arbres dépérissants et dont l'écorce, les feuilles et les fruits portaient, depuis plusieurs années, des traces manifestes de dégâts causés par diverses affections parasitaires. Pour les plantations, j'avais conseillé l'emploi des scories à la dose minimum de 1,000 kilos à l'hectare (environ 140 kilos d'acide phosphorique) mélangés à la terre jusqu'à la profondeur de 60 à 80 centimètres qui était celle des trous où l'on devait planter les arbres. Pour les vieux poiriers ou pommiers qui présentaient un aspect dénotant une alimentation minérale insuffisante, j'avais fait enlever la terre tout autour de l'arbre, jusqu'à la profondeur où s'implantait le chevelu des racines : on rebouchait ensuite le trou ainsi pratiqué avec un mélange de terre et de scories, en quantité calculée sur le chiffre que je viens de donner (1,000 kilos à l'hectare). Cette opération, dans les deux cas, était faite à l'automne ou à la fin de l'hiver, avant toute trace de départ de la végétation. Ce traitement était complété, lorsque la pauvreté du sol l'exigeait, par l'addition au printemps, en arrosage dans un bassin ouvert au pied de chaque arbre et d'une dimension correspondant à l'expansion latérale des racines, d'une certaine quantité de nitrate de soude (100 à 200 kilos à l'hectare, suivant les cas), et de sels potassiques, si la nature du sol l'exigeait.

Dès la première année, cette médication, car la fumure constituait véritablement un traitement pour les arbres malades, produisait déjà un effet manifeste : les feuilles nouvelles avaient presque repris leur aspect normal ; l'écorce était déjà moins rugueuse et les fruits eux-mêmes avaient meilleure apparence. Au bout de la seconde ou de la troisième année, l'écorce était redevenue lisse, les feuilles étaient débarrassées des taches noirâtres qui les couvraient précédemment et les tavelures des fruits avaient disparu. Quant aux jeunes arbres, ils prenaient, dès la deuxième année de plantation, une apparence vigoureuse, luxuriante, pleine de promesses pour la fructification, promesses que l'événement n'a pas démenties.

Je cite cet exemple pour montrer les bons résultats que l'on est autorisé à attendre de l'application judicieuse des engrais minéraux à la fumure des arbres fruitiers. J'espère, dans ces quelques pages, mettre entre les mains des propriétaires de jardins et de vergers, des maraîchers et des arboriculteurs, non pas des recettes partout indistinctement applicables, mais d'utiles renseignements sur les moyens d'élever les rendements de leur terre et des bases précises pour entreprendre des expériences qu'aucune indication, si complète qu'elle semble être, ne saurait remplacer. Il ne faut jamais oublier, en agriculture surtout, que les notions générales n'ont qu'une valeur relative et doivent surtout servir de point de départ et de direction pour des essais individuels adaptés aux conditions locales où se trouve l'expérimentateur. Il n'existe pas de panacée universelle en agriculture, pas plus qu'en médecine, et les charlatans seuls donnent des recettes infaillibles, partout applicables.

XI. — Insuffisance du fumier pour la culture maraîchère et le jardinage

Le premier point sur lequel j'appellerai l'attention est l'insuffisance, à des doses modérées, du fumier d'étable et des engrais végétaux en général, presque exclusivement employés à l'heure qu'il est dans la culture maraîchère et horticole.

D'où vient cette insuffisance? Comment peut-on la démontrer? C'est ce que je commencerai par examiner.

L'horticulture, qui a beaucoup de points communs avec l'agriculture proprement dite, en diffère essentiellement sous de nombreux rapports. Examinons les différences les plus saillantes entre ces deux cultures. Les légumes que nous cultivons dans nos jardins ont une durée de croissance beaucoup moindre que celle des végétaux de la grande culture. Il s'ensuit que, dans l'espace d'une année, on demande deux ou trois récoltes au même terrain maraîcher, en y cultivant successivement plusieurs espèces différentes. La valeur vénale du sol des terres à légumes, situées d'ordinaire dans le voisinage immédiat des grands centres de population, est très sensiblement plus élevée que celle du territoire agricole. Enfin, comme conséquence de ces deux conditions, le terrain maraîcher est occupé, pour ainsi dire, sans discontinuité, par des végétaux : la jachère y est inconnue ou à peu près et la récolte a lieu durant tous les mois de l'année, à quelques rares intervalles près. On sait, de plus, que, d'une façon générale, les exigences des végétaux, en principes nutritifs, sont d'autant plus grandes que la plante parcourt, dans un temps plus court, les diverses phases de son évolution. Une plante qui, dans l'espace de trois mois, doit croître et arriver à maturité ou, pour mieux dire, à l'état de développement auquel elle sera comestible, exige, naturellement, la présence dans le sol d'une quantité d'aliments plus élevée que le végétal dont la période de développement est de huit ou dix mois, comme c'est le cas du blé, par exemple. La consommation en principes nutritifs, faite par la culture maraîchère, est encore accrue par de fréquents arrosages qui activent la végétation. De plus, les exigences des nombreux végétaux horticoles sont très différentes, d'une espèce à l'autre, comme nous allons le voir dans un instant.

Enfin, la nécessité d'obtenir pour les cultures des primeurs une chaleur suffisante, à des époques de l'année où la température ambiante est souvent très basse, oblige à la création de couches chaudes dont le fumier sera ensuite utilisé pour les cultures de pleine terre.

L'ensemble des conditions que je viens de

rappeler établit donc, au point de vue de la fumure, des différences profondes entre les récoltes agricoles et celles de nos jardins. La rapidité de croissance des légumes, la succession quasi ininterrompue, sur le même sol, de plantes très exigeantes, et d'exigences très différentes en azote, potasse, acide phosphorique, obligent le jardinier à l'emploi de doses de fumier d'étable énormes, et dépassant de beaucoup, par hectare, celles dont peut se contenter le sol agricole. De là, une dépense très considérable et qu'on pourrait, je crois, réduire notablement par l'association des engrais industriels au fumier d'étable (1).

Pour mettre en évidence, d'une façon claire, l'insuffisance du fumier d'étable dans la culture maraîchère, j'aurai recours à quelques rapprochements numériques entre la composition de cet engrais et celle des produits horticoles.

Supposons qu'il s'agisse d'une culture potagère s'étendant sur un hectare : admettons qu'on ait donné à cette surface 60,000 kil. de fumier d'étable de composition moyenne, c'est-à-dire une fumure deux fois plus forte que celle que reçoit annuellement le sol agricole soumis à un assolement convenable. Laissons de côté les matériaux les moins précieux du fumier d'étable, à raison de leur abondance relative dans la plupart des terres, et ne considérons que les trois éléments fondamentaux : l'azote,

---

(1) L'achat du fumier pour la culture maraîchère pourrait se borner à la quantité nécessaire pour la création des couches.

l'acide phosphorique et la potasse. .En partant
de la teneur moyenne du fumier d'étable en
ces trois éléments, savoir, par 1,000 kil. fumier,
azote, 5 kil.; acide phosphorique, 2 kil. 6; potasse, 6 kil. 3, on calcule aisément l'apport, en
chacun d'eux, que représentent les 60 tonnes de
fumier reçues par cet hectare. On trouve ainsi :

        Azote .... 300 kilos.
        Acide phosphorique 156   —
        Potasse 378   —

Une récolte de 30 quintaux de blé avec sa
paille enlève environ 85 kilos d'azote, 35 kilos d'acide phosphorique et 45 kilos de potasse : le fumier, à la dose de 60 tonnes à l'hectare, laisserait donc encore, après la récolte de
blé, 215 kilos d'azote, 121 kilos d'acide phosphorique et 333 kilos de potasse. On s'explique dès
lors qu'on puisse obtenir encore deux récoltes
annuelles, après le froment, en céréales d'été ou
en plantes d'autres espèces végétales qui trou-
veront dans le sol une réserve suffisante pour
leur alimentation. Comparons les exigences des
plantes potagères à celles du froment, et nous
reconnaîtrons tout de suite que les 60,000 kilogrammes ne suffisent pas, dans la plupart des
cas, à la croissance des deux ou trois récoltes
que le jardinage demande à la terre dans une
seule année.

XII. — Exigences minérales des légumes.

Pour établir cette comparaison, il nous faut d'a-
bord connaître les quantités de chacun des trois

principes essentiels contenus dans une récolte de légumes, comparable, par son poids, à une récolte de 30 quintaux de blé, c'est-à-dire à une bonne récolte moyenne en culture intensive.

Je réunis dans le petit tableau ci-dessous la teneur en azote, acide phosphorique et potasse d'une récolte de dix variétés de légumes; les chiffres de la colonne qui suit le nom de la plante indiquent le poids à l'hectare de la récolte utilisable (tubercules, grains ou feuilles suivant les cas). Les poids d'azote, d'acide phosphorique et de potasse expriment la totalité de ces éléments enlevés au sol, c'est-à-dire existant, tant dans la partie comestible que dans les déchets dont le poids ne figure pas dans la première colonne, celle-ci n'indiquant que les quantités livrées à la consommation.

ESPÈCES	Récolte à l'hectare	Quantités des principes minéraux contenus dans la récolte totale, en kilogrammes.		
	En kilog.	Azote	Ac. phosph.	Potasse
Pois......................	2.600	126	33	57
Haricots..................	1.800	96	25	57
Carottes..................	50.000	133	53	153
Choux-fleurs.............	24.000	156	59	204
Choux-raves.............	30.000	206	89	230
Salade (laitue)...........	14.000	31	13	54
Concombre	60.000	96	130	63
Raifort...................	15.000	64	99	27
Oignons..................	30.000	81	42	81
Pommes de terre........	25.000	96	45	155
Choux......	70.000	168	99	406

Ce qui frappe tout d'abord, à l'inpection de ces chiffres, c'est l'énorme disproportion entre

les exigences minérales des plantes potagères
et celles du blé; en second lieu, les variations
non moins considérables des quantités de chacun des trois principes fertilisants, d'une espèce
de légume à l'autre. Ces divergences sont rendues plus évidentes encore si l'on groupe les
dix espèces végétales par ordre de teneur de
chacune d'elle en azote, acide phosphorique et
potasse, ce que montre le tableau ci-dessous :

CLASSIFICATION DES LÉGUMES D'APRÈS LEURS EXIGENCES .

1° en azote		2° en potasse		3° en acide phosph.	
	kil.		kil.		kil.
Choux-raves .	206	Choux........	406	Choux........	99
Choux........	168	Choux-raves.	230	Choux-raves.	89
Choux-fleurs.	156	Choux-fleurs.	204	Concombres .	63
Carottes......	133	Pom. de terre	155	Choux-fleurs.	59
Pois..........	126	Carottes	153	Carottes......	53
Haricots......	96	Concombres .	130	Pom. de terre	45
Pom. de terre	96	Raifort.......	99	Oignons......	42
Concombres..	96	Oignons......	81	Pois..........	33
Oignons......	81	Pois..........	57	Raifort.......	27
Raifort.......	64	Haricots.....	57	Haricots......	25
Salade (laitue)	31	Salade	54	Salade........	13
Ecarts extr^{mes}	175		352	·	86

L'assimilation de l'azote, de la potasse et de
l'acide phosphorique, varie donc pour les plantes
que nous envisageons, d'une espèce à l'autre,
dans le rapport de 1 à 7 pour le premier, de 1 à
7 1/2 pour le second et de 1 à 7 pour le troisième,
avec différents écarts entre ces deux extrêmes.
Il suit de là qu'une quantité déterminée de fumier — 60,000 kilos à l'hectare — ne peut suffire à la succession de récoltes que l'on demande
à un jardin dans une même année. Un exemple

va rendre plus sensible encore cette insuffisance du fumier pour la production économique des légumes.

Supposons que l'on cultive successivement la même année, dans un jardin maraîcher qui aura reçu, en hiver, 60 tonnes de fumier, des choux, des carottes et de la salade, et voyons quels vont être les prélèvements exercés par l'ensemble des trois récoltes :

	Azote	Potasse	Ac. phosph.
70,000 kilos de choux enlèveront.	168 k.	406 k.	99 k.
50,000 kilos de carottes —	133	153	53
14,000 kilos de salade —	31	54	13
Soit au total..........	332 k.	613	165 k.
͞0,000 kilos de fumier apportent.	300	378	156
D'où un déficit de........	32 k.	235 k.	9 k.

D'après cela, même en supposant que les 60 tonnes de fumier aient cédé intégralement aux plantes leur azote, acide phosphorique et potasse, ce qui est loin d'être possible, elles n'auraient pas suffi, à 50 0/0 près, à alimenter en potasse les trois récoltes.

Ce bilan explique comment les jardiniers qui sont amenés à introduire dans le sol d'énormes quantités de fumier pour la confection des couches et la préparation des primeurs, arrivent à maintenir la fécondité de leur sol, malgré les exigences si grandes des légumes qu'ils cultivent. Ce n'est donc que par l'accumulation successive d'énormes quantités de fumier d'étable dans leur champ que les maraîchers arrivent à entretenir sa fertilité. La disproportion existant entre les poids d'azote, d'acide phosphorique et de potasse qu'exigent les différents légumes suffit à elle seule pour obliger le jardinier à une dépense *excessive* en fumier, puisqu'il doit toujours fournir à ses légumes une quantité minima d'aliments potassiques, azotés ou phosphatés et que le fumier ne peut apporter, par exemple, le minimum de potasse nécessaire, qu'en donnant en même temps au sol des quantités d'azote ou d'acide phosphorique doubles de celles qu'exige la constitution de la récolte.

A eux d'examiner si, comme je le pense, l'emploi des engrais spéciaux, nitrate, poudrettes, phosphates, sels de potasse, etc., en addition au fumier d'étable ne leur permettrait pas de régler la fumure sur les besoins des plantes, quelques différentes que soient leurs exigences, en réduisant à la plus stricte limite nécessaire à la confection des couches, la quantité de fumier qu'ils achètent chaque année et en restituant à la grande culture une bonne partie du fumier qu'ils lui enlèvent.

XIII. — Nécessité de l'apport des matières minérales dans le maraîchage.

Les terres de longue date soumises à la culture maraîchère n'ont pas besoin d'apport de matières organiques, mais bien de matières minérales quelles sont plus qu'aucun sol aptes à rendre promptement utilisables par les végétaux. C'est

dans cette voie que doit entrer la culture potagère pour réaliser l'objectif de toute opération
agricole : obtenir avec le minimum de dépense
le maximum de rendement. Nous allons aborder ce côté de la question, ayant établi, nous
l'espérons, l'insuffisance, au point de vue économique, de la fumure exclusive au fumier d'é-
table pour la culture maraîchère, comme pour
tout autre d'ailleurs.

En réalité, c'est dans du terreau presque pur,
c'est-à-dire dans du fumier plus ou moins dé-
composé, plutôt que dans de la terre, à proprement parler, que se pratique la culture maraîchère intensive. Il y a lieu, dès lors, de se demander, d'une part, si les errements de cette
culture n'entraînent pas, en achat de fumier,
une dépense excessive que diminuerait, dans
une large proportion, l'emploi simultané des engrais commerciaux ; de l'autre, si le remplacement du fumier, dans une notable proportion,
par les engrais minéraux n'aurait pas, à côté du
résultat économique, l'avantage d'améliorer la
qualité des légumes produits.

La réponse à la première question ne fait pas
de doute à nos yeux et j'espère prouver aisément qu'elle doit être affirmative. En ce qui regarde le second point, à savoir si les légumes
récoltés dans un sol plus riche en principes minéraux ne posséderaient pas une saveur et un
goût plus agréable, en même temps qu'une richesse plus grande en principes alimentaires, je
suis tenté de répondre également par l'affirmative. Mais j'ajouterai tout de suite que l'expérience directe seule donnera une réponse déci-

sive. Occupons-nous donc pour l'instant de l'examen de la première question seulement.

Quelques remarques sur les conditions dans lesquelles le fumier d'étable cède à la plante ses principes actifs pour la végétation, sont indispensables pour nous guider dans le choix des engrais minéraux à introduire dans un sol, de longue date abondamment pourvu en fumure organique.

Si l'on excepte les plantes dites *légumineuses*, telles que pois, haricots, etc., les végétaux ne puisent l'azote indispensable à leur existence que dans les nitrates ou dans les sels ammoniacaux et plus sûrement dans les premiers. L'azote organique qui forme la masse, presque la totalité de l'azote du fumier frais, ne peut donc servir à la végétation. qu'après s'être oxydé, c'est-à-dire transformé en acide nitrique, sous l'influence d'un organisme inférieur (microbe nitrifiant), agissant en présence de bases métalliques telles que la chaux, la magnésie, la potasse ou la soude, avec le concours de l'oxygène de l'air, de l'humidité du sol et d'une certaine température.

Les phosphates et les sels de potasse, de chaux et de magnésie, qui existent toujours dans le fumier, n'ont pas à subir des modifications aussi complexes pour servir d'aliments aux plantes ; ces corps pénètrent dans le végétal, soit à la faveur de l'eau, s'ils sont solubles, soit par dialyse, à travers la membrane externe des poils radiculaires, s'ils sont solides. Cette absorption se fait par l'intermédiaire des sucs acides de la plante, capables de dissoudre, à travers la membrane des radicelles, les matières insolubles, les phosphates notamment, et de les mettre à la disposition du végétal, sans le concours direct de l'eau.

De cette différence profonde dans le mode d'assimilation de l'azote, des phosphates et des sels minéraux du fumier, doit résulter une très inégale consommation de chacun d'eux dans l'utilisation du fumier; il est utile d'insister sur ce point fondamental. Reprenons, pour cela, l'exemple d'une fumure de 60,000 kilos de fumier d'étable, à l'hectare, qui nous a précédemment servi : ces 60 tonnes de fumier renferment :

Azote......................	300 kil.
Acide phosphorique......	156 »
Potasse..................	378 »

Ces 300 kilos d'azote, pour servir à la nutrition de la plante, devront être transformés en nitrate : combien de temps exigera cette transformation indispensable pour que l'azote du fumier serve intégralement d'aliment à la récolte? On ne saurait le préciser, l'activité de la nitrification dépendant, comme je le rappelle plus haut, d'un ensemble de conditions qui n'est pas susceptible de mesures exactes ni même d'évaluations approchées. La pratique nous apprend qu'il s'écoulera un temps fort long, depuis le moment de l'introduction du fumier dans le sol jusqu'à sa complète nitrification et, par conséquent, jusqu'à l'utilisation de son azote par les végétaux. Boussingault a constaté, par l'analyse de terres de maraîcher, c'est-à-dire de fumier très consommé, qu'un dixième seulement de l'azote total s'y trouve à l'état de nitrate, les neuf autres parties y existant encore à l'état d'azote organique. Sir J. Lawes et le docteur Gilbert, dans leurs expériences sur la culture du blé et des plantes sarclées que j'ai rappelées plus haut, sont arrivés à cette conclusion que l'action du fumier de ferme n'est complète qu'au bout de quinze ans environ. On voit, d'après cela, qu'en apportant 60 tonnes de fumier à un hectare de terre, ce n'est pas sur 300 kilos d'azote actif pour la végétation que l'on peut compter dans l'année, mais sur une fraction plus ou moins grande de cette quantité. Si l'on adoptait les chiffres de Lawes et de Boussingault, on estimerait à 20 ou 30 kilos d'azote nitrique seulement le poids de ce principe fertilisant emprunté, par la récolte, la première année, au fumier employé.

Suivant toute probabilité, l'assimilation des sels alcalins et de l'acide phosphorique du fumier se fait dans une mesure beaucoup plus large que celle de l'azote; l'action absolument certaine du nitrate de soude employé en couverture, sur un sol médiocrement fumé en fumier de ferme, le démontre. En effet, l'addition d'une faible quantité de nitrate, au printemps, dans un champ de blé, d'avoine ou d'orge précédemment fumé au fumier de ferme, produit une très notable augmentation dans le rendement en grain et de paille à l'automne. On ne peut s'expliquer, il me semble, l'influence de la seule addition du nitrate à un sol, qu'en admettant que le sol ou la fumure ont livré à la récolte assez d'acide phosphorique, de potasse, etc., mais pas assez d'azote assimilable et que le nitrate est venu fournir le complément d'azote nécessaire pour produire l'excédent de récolte constaté.

Je pense donc que dans la culture maraîchère, l'énorme quantité de fumier de ferme qu'on est obligé d'introduire dans le sol, tous les ans, est nécessitée par le besoin de satisfaire aux exigences des légumes en azote. En d'autres termes, les légumes se développent grâce à l'emmagasinement dans le sol de quantités considérables d'azote organique dont la rapidité de nitrification ne suit pas celle de la croissance des plantes, de sorte que celles-ci s'alimentent beaucoup plus à l'aide de l'azote des nitrates provenant des fumures antérieures que de celui qui s'est formé pendant la période de quelques mois, suffisante pour l'évolution complète de la plante.

La conséquence de l'interprétation que je viens de tenter de la pratique qui consiste à rapporter tous les ans, dans un sol maraîcher, une énorme masse de fumier d'étable est que, à un moment donné, le champ renferme, *à l'état inerte pour la végétation*, des quantités considérables d'azote, tandis que la plus grande partie de la potasse et de l'acide phosphorique est exportée annuellement par les récoltes qui se succèdent dans le cours d'une campagne. Le problème économique dont la solution s'impose au maraîcher est double : hâter la transformation de l'azote organique en nitrate et fournir au sol au meilleur marché l'acide phosphorique et la potasse qui leur manquent.

Examinons les moyens d'atteindre ce double but.

Il ne s'agit, pour le moment, que des vieilles cultures maraîchères. Pour les terrains neufs qu'on destine à la culture maraîchère, on procédera autrement. Nous examinerons plus tard ce cas spécial.

XIV. — Les phosphates minéraux et les cultures maraîchères.

La constitution des sols consacrés de longue date à la culture maraîchère appelle une observation dont nous devons tirer un parti avantageux pour la fumure économique de ces terres. La présence d'une grande quantité de matière organique (d'humus) dans un sol est éminemment favorable à l'assimilation directe des phosphates minéraux en poudre fine. Les faits culturaux bien observés, les expériences que je poursuis depuis plus de vingt ans sur les conditions d'assimilation des phosphates minéraux par les plantes, l'heureuse influence des phosphates dans les terrains de landes, nous montrent que deux terres, de teneur identique en phosphate minéral et qui ne diffèrent qu'en ce que l'un a reçu de la matière organique, tandis qu'on n'en a pas donné à l'autre, fournissent des rendements très différents : la terre où la matière organique abonde donne des excédents de récoltes de 50 à 60 0/0 sur ceux de l'autre sol. La quantité plus ou moins grande de phosphate assimilé par la plante semble donc étroitement liée à l'action que la matière organique exerce sur le phosphate. Il se produit dans le sol des combinaisons, encore inparfaitement connues dans leur mode de formation, entre le carbone, l'hydrogène et l'oxygène des substances organiques et le phopshate de chaux, de fer ou d'alumine, combinaisons qui se prêtent on ne peut mieux à la dialyse du phosphate par la racine de la plante.

Cette observation conduit tout naturellement à songer à l'emploi des phosphates minéraux dans les sols maraîchers, très aptes par leur forte teneur en matières organiques à rendre promptement assimilable la plus grande partie du phosphate qu'on leur confiera.

Parmi les nombreuses variétés de phosphates minéraux que l'industrie met aujourd'hui, à si bon compte, à la disposition des agriculteurs, il en est deux qu'il serait particulièrement intéressant d'expérimenter : les phosphates minéraux riches en carbonate de chaux et les scories de déphosphoration. Au point de vue de l'alimentation phosphatée de la plante, tous les phosphates en poudre fine pourraient être indifféremment employés ; je suis certain que les phosphates siliceux aussi bien que les phosphates calcaires seront promptement assimilés dans ces terrains, dont la matière organique constitue un des éléments les plus abondants. Mais si je crois particulièrement intéressant les essais qu'on ferait avec les scories de déphosphoration et avec les phosphates calcaires, c'est qu'il y a lieu de penser que la forte teneur en chaux des premières, la présence du carbonate de chaux dans les seconds, concourraient très efficacement à la nitrification de la matière azotée accumlée depuis de longues années dans les terrains maraîchers. Il est à penser qn'on obtiendrait ainsi du même coup deux résultats important : 1° Mettre à la disposition des récoltes l'acide phosphorique qui leur est indispensable et 2° provoquer la nitrification de l'azote organique. L'addition de sels de potasse complèterait la fumure minérale des sols de maraîchage.

Dans quelles proportions conviendrait-il d'employer les phosphates et les sels de potasse? L'expérience pourrait seule fixer exactement les jardiniers à ce sujet. Voici, en attendant, les bases sur lesquelles on pourrait, je crois, entreprendre des essais. J'estime que l'emploi de 150 kilos d'acide phosphorique à l'état de scories de déphosphoration (soit 1,000 kilos environ de scories à l'hectare), ou l'introduction de 200 kilos d'acide phosphorique sous forme de phosphate brut (à 25 ou 30 0/0 d'acide phosphorique) rempliraient le but. La potasse pourrait être employée à la dose de 80 à 100 kilos à l'hectare, soit 160 à 200 kilos de chlorure de potassium. Il va sans dire que ces engrais devaient être introduits dans la première année des essais, sans nouvelle addition de fumier d'étable au sol. Que coûterait cette fumure à l'hectare ! le voici à peu de chose près :

1,000 kilos de scories, à 18 20 0/0, valent 50 francs.
200 kil. de chlorure de potassium coûtent environ 55 fr.

Soit une dépense d'engrais de 105 francs.
200 kilos d'acide phosphorique dans les phos-

phates minéraux coûteraient aussi (à 0 fr. 25 le kil.) environ 50 francs. Dans les deux cas, la dépense serait donc la même et l'expérience seule déciderait de l'avantage que l'un des mélanges présenterait sur l'autre. Cette dépense n'atteindrait guère que le cinquième de celle qu'entraîne une fumure annuelle de 60,000 kil. de fumier d'étable, à 10 francs la tonne. Maintenant de deux choses l'une : ou, comme je le pense, la nitrification du fumier s'effectuerait assez rapidement pour suffire à la culture intensive d'un jardin maraîcher, et il n'y aurait alors pas lieu de pourvoir autrement à la nutrition azotée des légumes ; ou cette nitrification marcherait moins vite que je ne le suppose, et l'on devrait recourir au nitrate de soude. Dans ce cas, deux ou quatre cents kilos de nitrate de soude à 25 francs les 100 kil., complèteraient la fumure minérale, dont le coût total resterait inférieure à 200 francs par hectare, n'atteignant pas la moitié du prix du fumier employé jusqu'ici.

Je voudrais aussi voir essayer, concurremment aux phosphates et aux sels de potasse, le plâtre cru à la dose de 3,000 kilos à l'hectare ; il est probable que l'on constaterait, dans la culture maraîchère, les effets si remarquables sur la production des vignes abondamment pourvues de fumures azotées organiques.

Ces divers essais sont peu dispendieux et méritent, je crois, d'être tentés. Dans le chapitre suivant, j'examine la fumure des jardins potagers, dans lesquels, en général, on ne fait pas usage du fumier de ferme aux doses élevées qu'emploient les maraîchers de profession et j'indique la nature et la quantité des engrais qu'ils réclament. .

De ce qui précède je ne voudrais pas qu'on pût conclure que je propose de bannir le fumier d'étable de la culture maraîchère et de le remplacer intégralement par un mélange d'engrais commerciaux : phosphates, nitrates, sels de potasse, etc. Cette manière de voir exclusive est bien loin de ma pensée, et je m'arrêterai encore un instant à l'interprétation exacte des faits que je viens d'exposer et des moyens que je recommande aux maraîchers.

Moins que tout autre, la culture maraîchère en sol ordinaire, c'est-à-dire en terre médiocrement pourvue naturellement de matières organiques, ne saurait se passer du fumier d'étable : la nécessité d'obtenir des légumes tendres, de croissance rapide, puisque plusieurs espèces doivent se succéder sans interruption dans le champ du maraîcher, exige un sol riche en humus, capable d'absorber et de retenir de grandes quantités d'eau d'arrosage, celle-ci étant un des facteurs dominants d'une production rapide des légumes, en même temps que des qualités requises par le consommateur qui repousserait des produits durs ou coriaces (salades, radis, etc.).

Il ne s'agit donc point de renoncer aux fumures organiques, mais seulement d'en restreindre l'emploi, tant au point de vue des rendements à obtenir que de la dépense à faire

Cela étant entendu, j'ai montré que la nécessité d'apporter aux récoltes, qu'on se propose d'obtenir, les quantités d'azote, de potasse et d'acide phosphorique qu'elles réclament, a conduit les maraîchers, qui s'adressent, dans ce but, exclusivement au fumier d'étable, à emmagasiner dans leur terrain des quantités énormes de cet engrais. J'estime que, dans la plupart des cultures maraîchères anciennes, dans les champs dont le sol est bondé de matières organiques et qui, par suite, a acquis pour longtemps les qualités spéciales que les matières organiques communiquent à la terre : porosité, ameublissement, pouvoir absorbant considérable pour l'eau, etc., le moment est venu d'entrer dans une voie à la fois plus rationnelle et plus économique, par la substitution, dans une large mesure, des engrais minéraux au fumier.

La connaissance exacte du sol sur lequel on opère, l'expérience acquise par le maraîcher lui-même seront les meilleurs guides pour l'appréciation des limites dans lesquelles devra se faire cette substitution. Est-ce, pendant un an ou deux, la totalité du fumier consommé annuellement qui devra être remplacée par des phosphates, des sels de potasse, des nitrates ? Faudra-t-il réduire d'un quart ou de moitié seulement la quantité de fumier employé ? C'est au praticien à apprécier, à faire des essais et à en tirer les conclusions que justifieraient les résultats constatés localement. Ce qui me paraît incontestable, ce que j'ai tenu à signaler, c'est qu'il y a beaucoup à faire dans cette voie et que l'acide phosphorique, la potasse et l'azote sous forme minérale doivent être fournis aux sols maraîchers dans une large proportion, tout en réalisant une grande économie dans les frais de fumure.

III. Culture potagère

GRANDE CULTURE — JARDINAGE

XV. — Création d'un jardin.

Arrivons à la culture potagère, faite en vue de l'approvisionnement de la famille du propriétaire de jardin.

Cette culture comporte ordinairement des conditions générales tout autres que la culture maraîchère proprement dite. Beaucoup moins intensive que cette dernière, n'occupant que des surfaces restreintes, visant à la fois, le plus souvent, à la culture des arbres fruitiers et à la production des fleurs, en même temps qu'à celle des légumes, le jardinage privé exige des quantités de fumier bien moins considérables et s'adapte on ne peut mieux à l'emploi des engrais commerciaux. Au lieu d'envisager les rendements à l'hectare, tant au point de vue des produits qu'à celui des fumures, je les rapporterai à l'are, soit à une surface de 100 mètres carrés, et pour les fleurs à une surface moindre, celle d'une plate-bande de jardin, par exemple.

J'envisagerai successivement les deux cas qui peuvent se présenter : 1° la création d'un jardin fruitier et potager ; 2° l'entretien d'un jardin créé de longue date.

S'agit-il de transformer en jardin, un terrain jusqu'ici en culture ordinaire ou en friche, la première opération doit consister dans un défonçage à la bêche, d'autant plus profond que la couche de sol proprement dite s'étendra elle-même plus profondément. Un défonçage pratiqué sur une profondeur de 0 m. 60 suffira pour le potager ; il sera bon d'aller jusqu'à 1 mètre en vue de la plantation d'arbres fruitiers ou de treilles. Une des meilleures opérations qu'on puisse faire, au moment de ce défonçage, consiste à mêler à la terre une forte dose de scories de déphosphoration, si le sol n'est pas très riche en humus, ou de phosphate minéral en poudre fine, si l'on a affaire à une terre tourbeuse ou abondamment pourvue par des cultures ou fumures antérieures de détritus organiques.

Pour les légumes, par are, 20 kilogrammes de scories de déphosphoration ou 40 kilog. de phosphate minéral finement moulu et de richesse moyenne constitueront une fumure phosphatée dont l'effet se fera sentir pendant de longues années. Pour les plantations d'arbres fruitiers, le sol devant être remué à un mètre de profondeur, la dose de scories pourrait avantageusement être doublée : 40 kil. à l'are correspondent à 400 grammes par mètre carré. Le défoncement atteignant un mètre, cette quantité se trouvera répartie dans un volume de terre d'un mètre cube. Admettons un poids de 1,200 kilogrammes pour ce mètre cube de terre : il est aisé de se rendre compte de la quantité d'acide phosphorique que renfermeraient 100 parties de terre ainsi traitées.

100 kilogrammes de scories de déphosphoration contiennent en moyenne 17 à 18 kilogrammes d'acide phosphorique réel ; 400 grammes en renferment donc 68 à 72 grammes, soit 70 grammes en moyenne. Les 1,200 kilogrammes de terre recevant 70 grammes d'acide phosphorique en renfermeraient 6 grammes par 100 kilogrammes. Si faible que paraisse cette dose d'acide phosphorique, elle dépasse de beaucoup celle des fumures de la grande culture, puisque l'emploi de 400 grammes de scories au mètre carré représente 4 tonnes de scories à l'hectare, quantité quadruple de celle que l'on considère comme devant assurer l'alimentation phosphatée de plusieurs récoltes de céréales. Mais on remarquera que la couche dans laquelle pénètrent les racines des céréales et dans laquelle, par conséquent, celles-ci se nourrissent, n'excède pas 0 m. 20 en profondeur, soit le cinquième seulement de la hauteur que nous avons assignée à la couche défoncée pour la culture des arbres fruitiers. Notre fumure phosphatée, répartie sur un volume de terre cinq fois plus considérable que dans le cas des céréales, ne représenterait en réalité, pour la

couche de 0 m. 20 d'épaisseur, qu'une dose de 800 kilogrammes de scories à l'hectare.

Il va sans dire que l'analyse chimique du sol, faite préalablement à la fumure, servirait utilement de guide pour fixer la nature et la quantité de cette dernière; connaissant la teneur du sol vierge en acide phosphorique, potasse et azote, on déterminerait plus sûrement les quantités de chacun de ces principes à y introduire. On peut, en l'absence de renseignements fournis par l'analyse directe, considérer *a priori* la fumure phosphatée que je viens d'indiquer comme suffisante dans la plupart des cas. Je reviendrai plus loin d'ailleurs sur les moyens de la compléter si l'allure de la végétation en démontrait la nécessité.

En ce qui regarde la potasse, qui fait, généralement, beaucoup moins défaut dans le sol que l'acide phosphorique, mais dont les plantes potagères sont très avides (1), il est prudent, dans la création d'un jardin potager ou fruitier, d'en introduire dans le sol, au moment du défonçage une certaine quantité. Par are, il faut répandre, suivant la nature du sol, de 20 à 40 kilogrammes de kaïnite ou de 5 à 10 kilogrammes de chlorure de potassium. Ces sels peuvent être mélangés sans inconvénient aux scories ou aux phosphates minéraux en poudre fine et incorporés à la terre par l'opération du défonçage. Les quantités minima, 20 kilogrammes de kaïnite et 5 kilogr. de chlorure

---

(1) Voir le tableau de la composition des récoltes pages 60 et 84.

de potassium, par are, correspondent au défonçage à 0 m. 60 du sol destiné aux légumes ; les quantités maxima, 40 kilogrammes ou 10 kilogrammes, au sol défoncé à 1 mètre, pour plantation d'arbres fruitiers.

Ces quantités correspondent aux poids suivants de ces engrais, à l'hectare :

Kaïnite (1), 20 à 40 kilos à l'are = 2,000 à 4,000 kilos,
Chlorure (1), 5 à 10 kilos à l'are =   500 à 1,000 kilos,
Soit, en potasse réelle : 250 à 500 kilos.

Ces doses représentent, pour une couche de 20 centimètres d'épaisseur, des quantités de potasse égales à 50 et 100 kilos à l'hectare.

Pour compléter la fumure fondamentale, il faut ajouter aux deux engrais précédents une certaine dose d'azote.

On peut avoir recours, dans ce but, surtout pour les arbres fruitiers, aux sources d'azote lentement assimilables, sauf à appliquer plus tard, comme nous le dirons, du nitrate de soude ou de potasse. Le fumier de ferme, la laine et le cuir torréfiés, les tourteaux de graines oléagineuses (2), le sang desséché sont les principales

---

(1) La kaïnite contient 12 à 13 0/0 environ et le chlorure 50 0/0 de potasse réelle.

(2) Dans le midi de la France où, d'une part, le fumier d'étable est rare et, de l'autre, la température du printemps beaucoup plus élevée que dans le reste de notre pays, les tourteaux de graines oléagineuses (ricin, coton, palmiste, etc.,) sont entrés dans la consommation régulière du maraîchage et employés même par la grande culture, sur une large échelle.
Les tourteaux de graines de coton d'Egypte dont les départements des Bouches-du-Rhône et de Vaucluse consomment, pour la fumure des jardins maraîchers,

substances auxquelles on peut avoir recours. Dans la plupart des cas, le plus simple sera d'employer, pour les petites surfaces dont il s'agit, de bon fumier d'étable, à la dose de 300 à 400 kilos à l'are, suivant la teneur primitive du sol en azote.

On remarquera que des trois principes fondamentaux de la fertilité, c'est l'azote qui est le moins important au moment de la *création* du jardin, par cette raison qu'on peut toujours après la plantation des arbres fruitiers et la levée ou la reprise des plantes potagères recourir avec succès à l'emploi du nitrate de soude en couverture ou du sulfate d'ammoniaque, au mo-

---

8,000 tonnes par an, environ, sont particulièrement usités dans la partie de ces départements qui est irriguée par de nombreux canaux et dans les terrains d'alluvion formés par la Durance.

Dans les cantons de Saint-Rémy et Châteaurenard, ces tourteaux sont employés, dès le mois de juillet, pour la culture des salades que l'on sème immédiatement après la récolte du blé. Dans les environs de Cavaillon, bien connus pour la production des primeurs, on les utilise, en novembre, pour la culture des aulx, mais c'est surtout à partir de février, qu'on les emploie en plus grande quantité, pour la pomme de terre précoce et autres primeurs. Les tourteaux de graines de coton d'Egypte sont épandus à raison de 2,000 kil. à 5,000 kil. à l'hectare; les jardiniers du Midi constatent que cette fumure a, pour résultat, d'activer considérablement la végétation et d'augmenter la production. Les plantes maraîchères fumées avec ces tourteaux sont généralement en avance de deux à trois semaines sur les autres.

5,000 kil. de tourteaux de graines de coton représentent un apport au sol de 95 kil. d'acide phosphorique, 180 kil. d'azote et 75 kil. de potasse.

Les bons effets de l'emploi des tourteaux, unanimement constatés par les maraîchers du Midi pour la production des primeurs, sont dus bien plus aux mament du labour. Lorsqu'un sol est abondamment pourvu d'acide phosphorique et de potasse, condition indispensable pour que les engrais azotés aient, sur les rendements, toute leur efficacité, il est toujours facile de compléter la fumure par l'application d'azote soluble.

Si nous récapitulons ce qui vient d'être dit, nous voyons que la fumure d'un terrain où l'on veut créer un jardin potager ou fruitier exige pour assurer la réussite de la récolte, l'introduction dans le sol, au moment du défonçage, d'une quantité assez notable d'engrais ; calculons approximativement à quelle dépense entraîne par are, la fumure que nous recommandons aux essais des créateurs de jardin.

---

tières minérales fertilisantes qu'à la quantité relativement faible de substance organique que ces résidus apportent au sol. 5,000 kilos de tourteaux représentent, en effet, 4,300 kilos à peine de substance végétale sèche, tandis que 60 tonnes de fumier frais correspondent à 15,300 kilos de substance organique, soit près de quatre fois autant.

La facilité des transports de l'ouest et du midi de la France, voire de l'Algérie, vers les régions de l'Est et du Nord amènera, sans doute, de plus en plus les maraîchers de ces dernières contrées à réduire la culture des primeurs proprement dites pour concentrer leurs efforts sur la culture intensive des légumes de saison obtenus dans des conditions économiques. Il nous semble que la substitution des engrais minéraux à la plus grande partie du fumier employé aujourd'hui est une des conditions essentielles de cette production économique ; le fumier d'étable ou d'écurie limité, dans son emploi, à la confection des couches pour semis de légumes de saison, cédera peu à peu la place aux phosphates minéraux, au nitrate de soude et aux sels de potasse, coûtant beaucoup moins cher à raison des quantités bien plus restreintes auxquelles il faut recourir pour donner au sol une fumure égale à celle que fournit le fumier.

Les scories valent 5 fr. les 100 kil. ; les phosphates minéraux en poudre fine, à 50/55 0/0 de phosphate de chaux pur, 3 fr. 20 à 3 fr. 30 les 100 kil. ; la kaïnite, 7 fr. les 100 kil. ; le chlorure de potassium à 50 0/0 de potasse, 23 fr. les 100 kil. Il sera aisé, d'après cela, à chacun, suivant le choix qu'il fera des engrais à associer, d'établir le coût de la fumure dans le cas des défonçages à deux profondeurs dont nous avons parlé. On verra que la dépense en acide phosphorique et en potasse oscillera entre 2 fr. 40 et 5 francs par 100 mètres carrés. Ajoutons une dépense de 3 francs environ en fumier de ferme ou autre engrais azoté organique et nous atteindrons environ le chiffre de 5 à 8 francs, par are, pour la fumure fondamentale de notre jardin.

Il nous reste maintenant à envisager le cas d'un jardin créé depuis un certain temps et à indiquer les divers mélanges d'engrais minéraux auxquels on peut avoir recours pour en assurer et en accroître la fertilité.

XVI. — Fumure d'entretien en grande culture

La fumure d'entretien d'un jardin potager appelle quelques remarques préliminaires. Nous distinguerons le cas de la culture des légumes sur une grande échelle, c'est-à-dire sur plusieurs hectares au moins, telle qu'elle se pratique dans certaines exploitations rurales, et la culture dans le jardin privé de petite étendue.

La culture potagère faite en plein champ diffère essentiellement de la culture maraîchère proprement dite, en ce qu'il ne s'agit plus ici de la fabrication de primeurs, mais bien des légumes de saison dont la production intéresse davantage la masse des consommateurs.

Nous commencerons par indiquer les fumures à appliquer à la grande culture potagère, puis nous nous occuperons du jardinage privé.

M. P. Wagner, directeur de la Station agronomique de Darmstadt, dont les travaux sont justement estimés, s'est voué spécialement depuis quelques années à l'étude de ces intéressantes questions. Dans des séries considérables d'essais méthodiquement conduits, sur les exigences des principales espèces de légumes, fruits et fleurs, au point de vue de leur alimentation, il a cherché à fixer expérimentalement la nature des engrais les plus aptes à fournir, pour chacune d'elles, les rendements les plus élevés. Comme contrôle de ces essais physiologiques, il a eu recours à des cultures en plein champ, et du rapprochement des résultats obtenus par les deux méthodes, il a déduit certaines règles pratiques de fumure que je vais résumer à titre de renseignements très utiles pour les cultivateurs de légumes. Je reviendrai ensuite à la fumure du jardin potager dont j'ai parlé dans le paragraphe précédent au point de vue de la création, mais non de l'entretien annuel.

Avant d'indiquer les formules d'engrais recommandées par M. P. Wagner, formules générales que chaque cultivateur pourra, à l'occasion, modifier d'après la composition et l'état antérieur de fumure de son champ, il me paraît utile de mettre sous les yeux de nos lecteurs la teneur moyenne de quelques-uns des légumes les plus répandus, en azote, potasse, chaux, magnésie et acide phosphorique. Ces données leur permettront de calculer, approximativement, les quantités de chacun de ces principes essentiels exportés par une récolte d'un poids connu.

1,000 kil. de légumes verts contiennent (1) :

	Azote	Potasse	Chaux	Magnésie	Ac. phosphorique
	kil.	kil.	kil.	kil.	kil.
Pois............	35.8	10.1	1.1	6.3	8.4
Choux-fleurs...	4.0	3.6	0.5	0.3	1.6
Choux-raves...	4.8	4.3	1.4	0.8	2.7
Concombres ...	1.6	2.4	0.4	0.2	1.2
Salades	2.2	3.9	1.5	0.6	1.0
Oignons........	2.7	2.5	1.6	0.3	1.3
Choux	3.0	4.3	1.2	0.2	1.1
Asperges	3.2	1.2	0.6	0.0	0.9
Céleri..........	2.4	7.6	2.3	1.0	2.2
Epinards.......	4.9	2.7	1.9	1.0	1.6
Choux de Savoie	5.3	3.9	3.0	0.5	2.1
Radis	1.9	1.6	0.7	0.2	0.5
Artichauts.....	3.2	2.4	1.0	0.4	3.9

M. Wagner a déduit de ses nombreuses expériences la composition des mélanges d'engrais qu'il conseille d'appliquer *en grande culture* à la production légumière.

---

(1) Ces chiffres sont afférents à la partie comestible et ne comprennent pas les feuilles ou autres parties du végétal, suivant les cas, inutilisés pour l'alimentation : ce sont donc des minima. — On ne possède pas beaucoup d'analyses de légumes et j'espère pouvoir combler en partie cette lacune par les recherches analytiques entreprises dans le laboratoire de la Station agronomique de l'Est.

Voici les indications relatives à chacun des groupes principaux de légumes :

1° *Pois et haricots*

Ces plantes n'ont pas besoin d'engrais azotés complémentaires. Le sol fumé régulièrement au fumier d'étable leur fournit assez d'azote, dans la première période de leur existence, pour qu'elles se développent vigoureusement et soient en état de puiser leur alimentation azotée dans l'air atmosphérique. Les pois, les haricots et les autres plantes de la famille des papilionacées sont aptes, on le sait, à se nourrir, par l'intermédiaire des micro-organismes de leurs nodosités, de l'azote gazeux de l'air. Celte faculté fait défaut à tous les autres végétaux cultivés. On peut donc se contenter de donner aux pois et aux haricots de l'acide phosphorique et de la potasse.

M. P. Wagner recommande, par hectare, la fumure suivante :

200 kil. de superphosphate double (1) ou 550 kil. de superphosphate à 16 0/0 et 200 kil. de chlorure de potassium ;
Ou 230 kil. de phosphate de potasse (1) et 80 kil. de chlorure de potassium.

On mélange ces engrais et on les répand sur le sol, en automne, en hiver ou au printemps, puis on les enfouit à 10 ou 15 centimètres de profondeur, par un trait de charrue ou de herse.

---

(1) Voir pages 92 et 118 la composition de ces engrais concentrés et les avantages que présente leur emploi.

2° *Choux, choux frisés, choux-fleurs, choux-raves et autres variétés de choux*

Ces plantes exigent une forte fumure, particulièrement en potasse et en azote. Il y a lieu de leur donner, par hectare :

200 kil. de superphosphate double ou 550 kil. de superphosphate à 16 0/0 et 250 kil. de chlorure de potassium ;

Ou 230 kil. de phosphate de potasse et 130 kil. de chlorure de potassium.

On fume à l'automne, en hiver, ou au printemps et l'on enterre l'engrais.

Immédiatement après la mise en place des replants, on répand 250 kilos de nitrate de soude en couverture ; quatre semaines après, on donne encore même dose de nitrate qu'on mélange au sol en binant les plants. Comme le nitrate de soude favorise la formation de croûtes à la surface du sol, il faut pratiquer soigneusement le binage de la terre à la houe.

3° *Carottes, navets, radis noirs, salsifis, raifort et plantes analogues*

On peut donner à ce groupe de légumes la même fumure phosphatée et potassique qu'aux choux. M. P. Wagner recommande l'épandage de 150 kil. de nitrate de soude (à l'hectare), au moment dn semis, ou mieux, si le sol est très léger et très perméable, après le semis. Deux ou trois semaines après la levée des plantes, on donne de nouveau 150 kil. de nitrate et, trois semaines plus tard, on renouvelle encore cette fumure. L'hectare a ainsi reçu, en trois fois, 450 kil. de nitrate de soude.

4° *Concombres, oignons, etc.*

Au printemps, ou même déjà à l'automne, on répand, à l'hectare, un mélange composé de :

200 kil. superphosphate double ou 550 kil. superphosphate à 16 0/0 et 200 kil. chlorure de potassium ;
Ou 230 kil. de phosphate de potasse et 80 kil. de chlorure de potassium.

et l'on enfouit l'engrais. Avant la plantation des pépins des cucurbitacées ou le semis des graines d'oignons, on épand 100 kilogrammes de nitrate de soude, on herse et l'on égalise le sol. Quinze jours après la levée, on sème de nouveau à la volée 100 kilogrammes de nitrate et, deux semaines après, une dernière dose de 50 kilogrammes du même sel.

5° *Salades*

Les salades redoutent les fumures trop énergiques ; le nitrate de soude, notamment, ne doit leur être donné qu'à de faibles doses à la fois. Voici le mélange que conseille M. P. Wagner, pour un hectare :

150 kil. de superphosphate double ou 400 kil. superphosphate à 16 0/0;
100 kil. chlorure de potassium ;
Ou 175 kil. de phosphate de potasse.

L'engrais doit être épandu sur le sol avant le bêchage de ce dernier : immédiatement avant la plantation, on donnera 100 kilos de sulfate d'ammoniaque. Quelques semaines après la plantation, on peut répandre à la volée 30 kilos de nitrate de soude et, trois semaines plus tard, la même quantité encore de nitrate, si l'aspect de la récolte indique un besoin d'azote.

6° *Pommes de terre*

M. P. Wagner dit qu'il a constaté dans ses expériences que la pomme de terre ne se trouve pas bien du chlorure de potassium et qu'il ne faut recourir à ce sel, comme source de potasse, qu'à de faibles doses. Il recommande, pour le précieux tubercule, le mélange suivant par hectare :

150 kil. de phosphate de potasse ;
100 kil. de sulfate d'ammoniaque.

La fumure est épandue en mars et légèrement enfouie à la herse. J'ai obtenu, en 1892, dans mon champ d'expériences du parc des Princes, d'excellents résultats : 28 à 35,000 kilogs de tubercules à l'hectare, par l'emploi de la fumure suivante : 300 kilog. d'acide phosphorique sous forme de scories, 200 kilog. de potasse à l'état de sulfate (kaïnite) et 300 kilog. de nitrate de soude, à l'hectare.

7° *Asperges*

A l'automne, ou, dans les sols légers, au printemps, M. P. Wagner recommande la fumure suivante, rapportée à l'hectare :

200 kil. de superphosphate double ou 550 kil. superphosphate à 16 0/0, 200 kil. chlorure de potassium ;
Ou 230 kil. phosphate de potasse et 80 kil. chlorure de potassium.

Il faut enterrer légèrement l'engrais par un binage.

Dès que les asperges commencent à pointer, on répand à la volée 250 kilos de nitrate de soude et on l'enfouit par un bêchage léger. Un mois plus tard, on renouvelle cette fumure à la même dose.

Je prie le lecteur de ne pas perdre de vue que c'est *à titre d'indication* que je donne ces formules, auxquelles il ne faut pas attribuer une fixité qu'elles ne comportent pas : la constitution du sol, son état antérieur de fumure, sa fertilité naturelle ou acquise sont autant de conditions dont le cultivateur doit tenir compte dans le choix de ses fumures.

Les quantités d'azote, d'acide phosphorique et de potasse, auxquelles correspondent les formules dont M. Wagner recommande l'emploi pour la fumure d'un hectare des divers groupes de légumes énumérés plus haut, sont les suivantes :

	Azote	Acide phosphorique	Potasse	Prix
1. Pois, haricots......	»» k.	100 k.	90 k.	58 fr.
2. Choux................	78	125	90	220
3. Carottes, navets....	70	135	90	207
4. Concomb^{res}, oignons	39	100	90	145
5. Salades diverses....	16	50	75	83
6. Pommes de terre...	20	40	54	75
7. Asperges..........	78	100	90	125

La dépense à l'hectare est établie, en admettant les valeurs suivantes : pour le kilogramme d'acide phosphorique soluble 0 fr. 50, pour la potasse 0 fr. 40 et pour l'azote nitrique ou ammoniacal 1 fr. 60. Etant donnée la production très abondante qu'on obtient sur un hectare de terre, le prix de la fumure proposée par M. P. Wagner ne semblera point excessif.

Il me reste à parler maintenant de la fumure du jardin potager privé, de celle des fleurs, arbustes et des arbres fruitiers.

XVII. — La fumure du jardin privé

Ce qui précède montre l'importance que la fumure chimique est appelée à prendre dans la grande culture maraîchère. Je vais m'occuper maintenant de l'entretien du jardin potager, fruitier et d'agrément de petites dimensions, puis j'examinerai la fumure des plantes de serre et d'appartement.

Pour le propriétaire d'un petit jardin, attenant à sa maison d'habitation ou situé non loin d'elle, il ne saurait être question de tenir compte dans la fumure, des exigences individuelles de chacun des légumes ou - fleurs qui doivent se succéder dans le même sol. En effet, les surfaces affectées à chaque succession de récolte sont trop faibles pour qu'il devienne pratique de donner, à chaque plante, un mélange spécial de substances fertilisantes. Le plus souvent c'est par mètres que se comptera, dans un jardin privé, la superficie plantée en salade, carottes ou choux : de plus, la faible dimension des parcelles consacrées à une plante fera que les racines de celles-ci envahiront le sous-sol de la parcelle contiguë. Pour ces raisons et d'autres faciles à imaginer, il n'y aura donc pas lieu de recourir, comme en grande culture, à des mélanges divers d'engrais, mais, au contraire, de faire choix d'un mélange unique, renfermant les trois éléments essentiels de fertilisation, en proportions telles que l'engrais puisse, dans tous les cas, suffire aux besoins des diverses espèces de plantes que l'on se propose de cultiver dans la même année.

Engrais pour jardins.

L'engrais choisi pour la fumure des légumes et des fleurs doit être promptement assimilable, la durée de ces récoltes étant courte; de plus, il pourra être très avantageux d'appliquer à ces cultures spéciales, l'engrais en dissolution dans l'eau, comme on le fait couramment dans certaines cultures florales du Midi.

En recourant à des matières fertilisantes rapidement utilisables par le végétal et solubles dans l'eau, l'amateur de jardinage y trouvera une économie, résultant de ce qu'il pourra diriger, en quelque sorte à son gré, d'après l'aspect des plantes, la répartition des doses d'engrais à leur donner.

S'inspirant de ces considérations, M. P. Wagner, qui a fait de l'étude des engrais pour légumes et pour fleurs l'objet de recherches expérimentales des plus intéressantes, est arrivé à formuler la composition d'un engrais spécial pour jardinage.

Le mélange de substances fertilisantes, expérimenté avec succès, depuis plusieurs années, tant dans la serre de végétation que dans les champs d'essais de la Station agronomique de Darmstadt, est connu, en Allemagne et en Belgique, dans le commerce des engrais, sous le nom d'engrais pour jardins (*Gartendünger*). Il renferme par 100 kilogrammes : 14 kilogrammes d'acide phosphorique, 20 kilogrammes de potasse, 12 kilogrammes d'azote, tous trois à l'état soluble dans l'eau.

Il est constitué par quatre sels minéraux, savoir : phosphate d'ammoniaque, nitrate de potasse, nitrate de soude et sulfate d'ammoniaque. Dans son mémoire, M. P. Wagner n'indique pas les proportions de chacun des sels entrant dans le mélange. Mais il est aisé de les déduire approximativement de leur teneur en chacun des trois principes fertilisants essentiels.

Je crois utile d'indiquer sommairement la composition de ces engrais concentrés, qui ont le double avantage de renfermer, sous le plus faible poids, la plus grande quantité de principes utiles à la végétation, condition économique au point de vue des transports, et d'apporter aux sols le minimum de matières inutiles :

Taux par 100 kilos :

Superphosphate double...	45 kil acide phosphorique.
Phosphate de potasse....	36 kil. acide phosphorique. 27 kil. de potasse.
Phosphate d'ammoniaque	45 kil. acide phosphorique. 7 kil. d'azote.
Nitrate de potasse........	44 kil. de potasse. 13.6 kil. d'azote.
Nitrate d'ammoniaque....	30 à 33 kil. d'azote.

Ce tableau résume la composition des cinq sortes d'engrais concentrés auxquels la grande culture potagère, comme le jardinage, a intérêt à recourir (1).

Si nous ajoutons à ces matières fertilisantes les engrais déjà entrés couramment dans la pratique : superphosphate à 15/18 d'acide phosphorique, nitrate de soude à 15.6 0/0 d'azote ; sulfate d'ammoniaque à 20 0/0 d'azote, chlorure de potassium à 50 0/0 de potasse, kaïnite à 12 0/0 de potasse, sans oublier les scories de déphosphoration et les phosphates minéraux en poudre fine que j'ai indiqués comme devant former avec le fumier de ferme la fumure fondamentale d'un jardin, j'aurai énuméré les produits commerciaux qui offrent aux cultivateurs et aux jardiniers les sources les plus importantes de la fumure complémentaire du fumier d'étable.

Revenons maintenant à l'*engrais pour jardin*. Les proportions d'azote, d'acide phosphorique et de potasse rappelées plus haut, seront sensi-

----

(1) Depuis plusieurs années en usage en Allemagne l'engrais pour jardin et les sels riches solubles qui les composent sont préparés en grand dans les usines de MM. Albert et Cie à Biebrich-sur-le-Mein. Ces engrais, pour ainsi dire inconnus en France avant que j'ai appelé sur eux, dans la première édition de cet opuscule, l'attention des agriculteurs, des jardiniers et des amateurs de fleurs, commencent à être employés dans notre pays sur une assez grande échelle. Il serait à désirer que les fabricants d'engrais français se missent à les préparer afin d'en diminuer le prix des frais de transport assez élevés qui les grèvent actuellement. Les essais que j'ai faits en 1893 au champ d'expériences du Parc-aux-Princes sur la culture des légumes, choux-fleurs, choux, pommes de terre, navets, etc., avec l'engrais de jardins, m'ont donné les meilleurs résultats, ce qui m'engage à insister sur leur emploi dans le jardinage.

blement fournies par 100 kil. d'un mélange formé, suivant la pureté de chacun des sels, de :

Phosphate d'ammoniaque.......	28 à 30 kil.
Nitrate de potasse...............	44 à 45 kil.
Nitrate de soude...............	15 à 16 kil.
Sulfate d'ammoniaque..........	10 à 11 kil.

M. P. Wagner considère comme une fumure normale pour jardin potager l'emploi de 500 kil. de ce mélange à l'hectare, soit 5 kil. par are ou 500 grammes par planche de 1 mètre de large sur 10 mètres de long. On sème cette dose aussi régulièrement que possible, sur le sol, avant le labour à la bêche qui précède les semis ou la plantation, au printemps, par conséquent. Il est bon de ne pas se borner à répandre l'engrais sur les seules surfaces destinées à la culture, mais aussi sur les étroits sentiers réservés entre les plates-bandes, les racines des plantes pénétrant dans le sous-sol de ces sentiers. Dans les allées qui bordent les treilles, les plantations d'arbres fruitiers, les massifs d'arbustes et fleurs, les carreaux d'asperges, on peut aussi répandre des engrais que la pluie se chargera de faire pénétrer dans le sol des allées sous lesquelles s'étendent les racines de ces divers végétaux.

Dans les terres meubles, suffisamment pourvues en humus, susceptibles de donner une production très intensive, on ne se contentera pas de cette fumure de printemps et l'on recourra avec profit à des fumures additionnelles, pour lesquelles on sera guidé par l'aspect des végétaux et par le nombre des récoltes qui se succéderont à la même place.

Suivant le plus ou moins de rapidité de croissante des végétaux cultivés et, d'après leurs exigences plus ou moins grandes en principes nutritifs, on pourra employer des doses d'engrais variant entre 250 et 500 kilos à l'hectare, soit 2 kil. 500 à 5 kilos à l'are ou 250 à 500 grammes par plate-bande de 1 mètre de large sur 10 mètres de longueur. Le meilleur mode de faire sera souvent de répartir ces quantités en deux ou trois doses qu'on répandra dans les mois de mai, juin et juillet. L'épandage de l'engrais sera suivi d'un léger binage à la herse, qui enterrera suffisamment l'engrais.

Fumure en arrosage

M. P. Wagner recommande, avec sa compétence en cette matière, un autre mode de fumure qui est plus efficace encore que l'épandage du mélange à la volée.

Ce mode consiste dans l'emploi d'une solution de l'engrais dans l'eau. Voici comment on doit opérer : Dans 1,000 litres d'eau, on dissout 1 kilo de l'engrais pour jardin (1 gramme par litre) et l'on arrose avec 20 litres de cette dissolution 1 mètre carré de sol; cet arrosage revient à donner 200 kilos d'engrais par hectare, ou 2 kilos par are. Les arbustes, plantes d'ornements, arbres à fruits et raisins, dont la production ligneuse est chétive, les asperges, choux, betteraves, céleri, concombres, les fleurs à feuillage abondant se montrent particulièrement reconnaissants, dit M. P. Wagner, d'un semblable arrosage renouvelé toutes les quatre ou six semaines. Les arbres et arbustes âgés de plusieurs années ne doivent plus recevoir de fumure à partir du mois d'août, l'engrais donné à cette époque pouvant empêcher le bois de mûrir convenablement.

M. P. Wagner recommande, ainsi que nous, l'emploi des scories de déphosphoration comme fumure fondamentale des jardins, cette excellente matière apportant, en plus que l'acide phosphorique, de la chaux assimilable très utile dans la plupart des terrains potagers.

Fumure de pelouses et gazons

Ici, encore, je suis en parfait accord avec M. P. Wagner, qui considère, en dehors du choix des semences, de l'arrosage et des coupes fréquentes, une fumure intense et répétée comme l'élément prépondérant de la belle venue et de l'entretien des pelouses. De même que, trop souvent, les cultivateurs abandonnent, sans les fumer, les prairies de leur exploitation, les propriétaires de jardin négligent de donner à leurs pelouses l'alimentation dont elles ont d'autant plus besoin qu'on les fauche plus fréquemment et de plus près. La jeune herbe étant particulièrement riche en azote, en potasse et acide phosphorique, chaque coupe appauvrit le sol et bientôt, malgré les soins, l'herbe qui repousse jaunit et périt partiellement, ce qui amène ces manques dans la végétation, si déplaisants à l'œil.

Les expériences de M. P. Wagner sur la fumure des gazons l'ont conduit à constater que,

pour avoir des pelouses vigoureuses, très bien
garnies et toujours vertes, il est indispensable
de les fumer à petites doses, pendant l'été, à diverses reprises. Il recommande de répandre, vers
le milieu de février, 5 kilogrammes d'engrais
pour jardin, par 100 mètres carrés de pelouse,
soit 500 kilogrammes à l'hectare ; puis, à partir
d'avril, toutes les trois, quatre ou six semaines,
suivant l'état de la végétation, environ 1 kil. 500
des mêmes engrais pour la même superficie
(1 are). L'engrais ne doit pas être épandu sur la
pelouse mouillée par la pluie ou par la rosée. Il
faut choisir, pour cette opération, le moment
où l'herbe est sèche et avoir soin que l'engrais
ne reste pas attaché aux tiges. L'épandage doit
se faire, de préférence, vers le milieu du jour
et non le matin, au moment de la rosée. Si l'on
était obligé d'épandre l'engrais sur le gazon
humide, il faudrait arroser immédiatement
après l'épandage. Un arrosage abondant est particulièrement à recommander après la fumure,
si la pluie ne doit pas survenir prochainement.

Fumure des fleurs de pleine terre

La première condition de succès dans la culture florifère réside dans la nature du sol, qui
doit être riche en humus, poreux et chaud ;
mais les qualités physiques de la terre ne sont
qu'un des éléments de réussite de cette culture ;
l'autre réside dans une alimentation abondante
assurée, à toutes les époques, par l'addition
d'une fumure convenable.

M. P. Wagner recommande l'épandage de 3
kilogrammes d'engrais de jardin, sur une plate-

bande de 100 mètres carrés (30 grammes par mètre) avant le bêchage du sol; puis, après le labour, une addition d'engrais d'égale quantité; on nivelle alors la terre au rateau.

Dans le courant de l'été, il faut recourir à des fumures complémentaires, et le mieux est de faire usage, à cet effet, de la dissolution dont j'ai parlé plus haut (1 kilo d'engrais pour 1,000 litres d'eau) et de répéter deux, trois fois ou plus ces arrosages, durant la saison chaude, en tenant compte de l'aspect de la végétation.

Les rosiers, géraniums, fuchsias et toutes les plantes à feuillage abondant telles que maïs, rhubarbe, tabac, ricin, canna, etc., se trouvent très bien de fumures liquides fréquemment répétées. Les végétaux à feuilles basses, près de terre, à fleurs peu développées en été, à ramification faible, ont naturellement des exigences beaucoup moindres. C'est à l'horticulteur, au propriétaire de jardin, à apprécier les modifications à apporter, suivant les cas, aux indications générales que nous venons de rappeler.

IV. Plantes d'appartement et de serre

XVIII. — L'horticulture d'appartement

Si le nombre des amateurs de jardin est considérable, celui des floriculteurs en chambre, qu'on me passe le mot, l'est bien davantage.

Dans les villes, où la cherté du terrain s'oppose
à la multiplication des jardins, le goût des fleurs
est universel : depuis la serre attenant aux somp-
tueuses constructions des hôtels particuliers,
jusqu'à l'humble jardin suspendu qui égaye la
fenêtre de l'ouvrier, sans oublier le salon du
plus modeste bourgeois, partout on rencontre
des fleurs, attestant, par leur présence, le goût
inné de l'homme pour la nature.

Parler de la culture des plantes d'appartement,
indiquer les procédés simples et économiques
de les défendre, le plus longtemps et le mieux
possible, contre l'étiolement inséparable des
conditions anormales de milieu dans lesquelles
elles vivent, c'est, il me semble, aborder un
sujet intéressant un grand nombre d'amateurs.

Nos plantes d'appartement sont condamnées
à vivre, plus ou moins, à l'abri de la lumière et
dans une atmosphère confinée ; en outre, l'alimentation que leur offre la terre du pot dans
lequel elles sont placées est forcément limitée
au volume et à la teneur de cette terre en substances nutritives. Or, on sait que l'action de la
lumière est la condition essentielle *sine quà non*,
de l'assimilation, par les parties vertes du végétal, du carbone que l'atmosphère lui apporte à l'état d'acide carbonique, carbone qui
forme près de la moitié du poids de la plante,
déduction faite de l'eau que renferment ses
tissus.

La première condition à observer dans l'entretien des plantes d'appartement est donc de
permettre le plus souvent et le plus longtemps

qu'on le peut, l'accès de la lumière solaire et celui de l'air extérieur, chaque fois que la température ne s'y oppose pas. Mais les plantes ne vivent pas seulement de l'air du temps ; elles ont besoin de trouver, dans le milieu où plongent leurs racines, les quantités d'éléments minéraux nécessaires pour constituer, avec le concours de l'eau et de l'acide carbonique de l'air, leurs différents organes et pourvoir à leur entretien. La grande cause de dépérissement des végétaux en pots, réside dans l'appauvrissement rapide du sol confiné où ils vivent.

Les fleuristes de profession se contentent généralement, pour parer à cet appauvrissement, de transplanter le végétal dans de la terre neuve ; j'ai montré, il y a quelques années (1), comment l'analyse chimique du sol justifie cette pratique. J'en rappellerai ici un seul exemple. Au moment de la transplantation d'un vigoureux pied de kentzia, j'avais prélevé un échantillon moyen de la terre de bruyère du grand-duché de Luxembourg, avec laquelle mon jardinier allait remplir le pot, d'une capacité de 12 litres environ. Deux ans plus tard, lorsqu'on procéda au rempotage du kentzia, je pris un échantillon de la terre dans laquelle avait séjourné le palmier, sans avoir reçu aucune espèce d'engrais. Les deux échantillons de terre ont été analysés, et le résultat de cette opération fut le suivant : Le poids du litre de ces terres

---

(1) Etudes agronomiques, 5e série, 1889-90. (Hachette et Co.)

étant très voisin de 800 grammes, les 12 litres
de terre pesaient 9 kil. 600 et contenaient respec-
tivement, aux deux époques indiquées, les quantités suivantes de principes nutritifs :

	Terre neuve		Terre épuisée		Différence	
Chaux................	184 gr.	3	60 gr.	0	124 gr.	3
Acide phosphorique..	52	2	7	7	44	5
Potasse...............	11	6	7	40	4	2
Azote.................	39	4	8	64	30	76

On voit, par là, que les quantités de matières
minérales fixées par le kentzia ou entraînées au
dehors par les arrosages (ce qui se produit principalement pour la chaux) avaient très notablement appauvri le sol et rendu nécessaire son
renouvellement. Le rempotage est donc une pratique très justifiée, non seulement au point de
vue de l'aération des racines, gênées, à la longue,
par le tassement naturel du sol sous l'influence
des arrosages, mais, surtout, par le renouvellement de la provision d'éléments nutritifs. Appliquées à d'autres végétaux, ces analyses compara-
tives conduisent au même résultat général, avec
des variations plus ou moins notables dans les
taux des divers principes nutritifs, suivant les
exigences particulières des plantes qu'on observe.

L'opération du rempotage, facile à exécuter
dans une exploitation horticole, est impraticable,
ou tout au moins peu commode à réaliser dans
un appartement. Elle n'est, d'ailleurs, qu'un
expédient, en ce qui regarde la fumure de la
plante, et il est aisé d'y suppléer pendant un
temps fort long par l'emploi des mélanges nutritifs dont je parlerai tout à l'heure. En mesure,

grâce à ces solutions, de fournir à la plante, beaucoup mieux que par le renouvellement de la terre, les aliments qu'elle réclame, on peut se borner, dans les appartements, à opérer la transplantation des végétaux, lorsque leur développement exige le remplacement du pot primitif par un vase de plus grande dimension.

D'une façon générale, on peut dire que les plantes d'appartement sont soumises à la ration d'inanition, l'eau étant l'unique aliment qu'on leur donne : l'étiolement, le jaunissement et finalement la mort, ne tardent pas à être la conséquence de l'absence de fumure à laquelle sont, d'ordinaire, vouées les fleurs et les plantes vertes qui font l'ornement de nos demeures.

M. P. Wagner, dont j'ai résumé plus haut les importantes recherches sur la fumure des végétaux horticoles et potagers, a consacré plusieurs années à l'étude expérimentale de la fumure des plantes en pots. Il s'est proposé de déterminer, pour les principales espèces florales, les exigences alimentaires de chacune d'elles, afin d'arriver à formuler un mélange de divers sels répondant à ce double but : satisfaire aux exigences moyennes des plantes en pot et ne contenir que des principes utiles à ces plantes, afin d'éviter, par l'emploi répété de cet engrais, l'accumulation, dans le petit volume de terre que renferme le pot, de substances inutiles à la végétation ou pouvant lui nuire par leur emmagasinement dans la terre. Cette dernière crainte, qui a engagé M. Wagner à proscrire du mélange qu'il emploie les sulfates et le nitrate de soude, par ce motif que l'acide sulfurique et la sóude, en excès dans le sol, pourraient exercer une action défavorable sur la plante, semblera peut-être exagérée; mais comme la soude est inutile et que la terre contient toujours assez de soufre pour assurer le développement du végétal, l'exclusion des substances qui apportent l'acide sulfurique et la soude ne présente, en tout cas, aucun inconvénient.

De l'ensemble des nombreux résultats obtenus dans les expériences qui comptent plusieurs années de durée et qui ont porté sur les plantes d'appartement les plus diverses : rosiers, fuchsias, géraniums, ricin, calla, coleus, palmiers, héliotrope, camélias, azalées, gloxinias, etc., M. Wagner est arrivé à considérer, comme étant le meilleur engrais, un mélange composé de nitrate d'ammoniaque, de nitrate de potasse et de phosphate d'ammoniaque, renfermant pour 100 parties, les proportions suivantes des trois éléments fondamentaux :

Acide phosphorique...   12 parties
Potasse................   19   —
Azote....   17   —

En partant de la composition des engrais riches que j'ai déjà indiquée, on obtiendra un mélange présentant les teneurs ci-dessus en associant les trois sels dans les proportions suivantes :

Phosphate d'ammoniaque ....   25 kil.
Nitrate de potasse   45
Nitrate d'ammoniaque   30
        Total ....   100 kil.

L'application régulière de ce mélange nutritif aux diverses plantes d'appartement a donné, durant les années 1890 et 1891, les meilleurs résultats. La vigueur des végétaux, la belle couleur vert foncé de leur feuillage, l'abondance de leurs fleurs, contrastaient singulièrement avec l'aspect des mêmes plantes élevées, à titre de comparaison, dans le terreau non fumé. M. Wagner a conclu de ses essais que la formule que nous venons de rappeler convient, non seulement aux plantes en pot, mais également aux cultures forcées, aux plates-bandes, à l'élevage des boutures et aux semis de fleurs.

C'est seulement pendant l'été, d'avril en septembre, qu'il convient de fumer les plantes d'appartement et celles de serre froide. A partir d'octobre jusqu'à la fin de mars, on ne doit leur donner, si toutefois on est conduit à le faire, que de très faibles doses d'engrais.

Pour guider les personnes qui voudraient recourir à ce mode de fumure des plantes d'appartement, je crois utile de préciser les quantités du mélange ci-dessus que M. Wagner conseille d'employer, d'après la dimension des pots qui contiennent les plantes à fumer. Le petit tableau ci-dessous indique les quantités approximatives de terre que renferment les pots à fleurs de divers diamètres et les doses moyennes du mélange à appliquer, dans chaque cas particulier :

Poids du mélange	Diamètre du pot à la partie supérieure (1)		Poids approximatif de la terre contenue dans le pot
1/2 gram.	10 centimèt.		300 grammes
1 —	12 —	1/2	600 —
2 —	15 —		1200 —
4 —	20 —		2400 —
8 —	24 —		5000 —

1) Mesuré en dedans du rebord

On saupoudre la surface de la terre avec le mélange pulvérulent et l'on a soin d'arroser immédiatement après, très lentement et avec précaution, en évitant que l'eau passe par dessus les bords du pot. Il faut employer assez d'eau, dans cet arrosage, pour dissoudre tout le sel déposé à la surface et le faire pénétrer dans la terre. Les fumures indiquées plus haut doivent être, suivant la dimension des plantes et leur croissance plus ou moins rapide, répétées toutes les quatre ou huit semaines. Il est difficile de donner *a priori* des indications plus rigoureuses sur le renouvellement des fumures, car les conditions que présentent les plantes sont très diverses.

Si l'on a affaire à des végétaux à croissance très lente, aux différentes variétés de palmiers et autres plantes vertes qui, dans l'appartement, reçoivent peu de lumière et, par suite, se développent lentement, on ne doit renouveler la fumure qu'à de longs intervalles, tous les deux mois, par exemple, ou moins fréquemment encore.

Au contraire, les plantes à croissance rapide, telles que les rosiers, les fuchsias, les géraniums, l'héliotrope, etc., réclament des fumures plus fréquentes, à des intervalles de trois semaines, par exemple. Les amateurs de fleurs, habitués à juger d'après l'aspect de ces dernières, de leur état de santé et de vigueur, apprécieront bientôt le traitement différent à leur donner, suivant la coloration de leur feuillage, leur port et l'abondance de leur végétation. La chose essentielle dont il faut se convaincre, c'est que l'arrosage à l'eau simple ne suffit pas pour conserver les plantes qui ornent nos appartements. Or, ou sait que cet arrosage est, pour ainsi dire, le seul soin qu'on regarde, généralement, comme nécessaire pour l'entretien des végétaux en pots. M. E. Roman, inspecteur général des ponts et chaussées, qui charme les loisirs de sa retraite par la culture des orchidées, si curieuses et d'une beauté si étrange parfois, m'a fait connaître les bons résultats qu'il obtient, depuis plusieurs années, de l'emploi des engrais minéraux dans leur culture. L'opinion des éleveurs d'orchidées est loin d'être unanime à ce sujet : les uns, et à leur tête M. L. Linden, le directeur si connu des serres du parc Léopold, répudient d'une façon absolue toute fumure organique ou minérale, dans l'entretien des orchidées. D'autres préconisent l'emploi, en solution très étendue, des engrais organiques, tels que la bouse de vache, le guano, etc. M. E. Roman, au contraire, repousse l'emploi des fumures organiques, mais il déclare dans la lettre qu'il m'a fait l'honneur de m'écrire, et dans un article récent publié par le *Journal des Orchidées*, qu'il est nécessaire de donner de l'engrais minéral aux orchidées et que son emploi, continué dans ses serres depuis plusieurs années, est couronné d'un grand succès et détermine de sérieuses modifications dans le mode de végétation de certaines d'entre elles.

Malgré mon incompétence en ce qui concerne cette culture spéciale, je suis tenté de me ranger à l'opinion de M. E. Roman, sur l'utilité des phosphates, des sels alcalins et azotés dans l'élevage des orchidées. Il me semble, en tout cas, utile de signaler à l'attention des spécialistes la composition de l'engrais liquide dont M. E. Roman proclame l'efficacité. Je transcris le passage de la lettre de mon honorable correspondant, relatif à son mode d'opérer.

« J'emploie, m'écrit-il, le mélange de deux solutions salines dont voici la composition :

La première dissolution est formée de :

Phosphate neutre d'ammoniaque..	100	grammes.
Nitrate d'ammoniaque.............	60	»
Carbonate d'ammoniaque...........	10	»
Nitrate de potasse................	5	»

Eau, 2 litres.

» La deuxième dissolution se compose de 45 grammes de silicate de potasse liquide (à 30° Baumé) dans deux litres d'eau.

» Ces dissolutions ne doivent pas être employées pures : dans 12 litres d'eau, on verse 16 grammes de chacune d'elles, ce qui donne un liquide contenant environ 1 gramme de mélange de sel (supposé solide) pour 7 litres d'eau. Je ne me sers que de ce liquide pour l'arrosage, à l'exclusion de l'eau ordinaire. »

Il me paraît certain que la faible dose (1/7,000) de sels minéraux renfermés dans cette dissolution ne peut occasionner aucun accident; il y aurait donc intérêt, en présence des bons effets que M. E. Roman lui a reconnus, à l'expérimenter dans les serres d'orchidées.

Il me paraît incontestable, d'après tout ce qui précède, que l'horticulteur et le floriculteur peuvent attendre de l'emploi des engrais commerciaux tout autant de services que la culture

proprement dite en a reçus jusqu'ici, et c'est
dans la pensée de stimuler les maraîchers, les
amateurs de jardins et de fleurs que j'ai, d'une
part, cru utile de donner de la publicité aux
intéressants travaux de la station de Darmstadt
et, de l'autre, d'instituer dans mon champ d'expériences du parc des Princes des essais métho-
diques sur l'application des fumures minérales
à la culture des légumes, des arbres fruitiers et
des fleurs.

V. Vignes et arbres fruitiers

Les divers engrais dont j'ai parlé à propos de
la culture maraîchère et de la fumure des jardins   s'appliquent également avec succès aux
arbres fruitiers et à la vigne. J'indiquerai d'abord
les mélanges recommandés par M. Wagner.

XIX. — Arbres fruitiers

M. P. Wagner s'élève, comme nous l'avons
fait nous-même précédemment, contre l'insuffisance de la fumure des arbres fruitiers. Comme
nous, il voit dans l'emploi judicieux des engrais
un moyen très efficace de combattre le dépérissement des arbres de nos jardins par la séche-

resse, les attaques des insectes et les affections parasitaires.

Pour les arbres isolés, dont la couronne, mesurée à un demi-mètre au-dessus des plus hautes branches, couvrirait, par sa projection, une surface de 25 mètres carrés, il recommande par pied d'arbre, la fumure suivante :

500 gr. superphosphate double, ou 1,400 gr. superphosphate à 16 0/0, 400 gr. chlorure de potassium, 500 gr. de nitrate de soude.

Ou 570 gr. de phosphate de potasse, 100 gr. de chlorure de potassium, 500 gr. de nitrate de soude.

On répand cet engrais sur le sol en novembre ou dans le cœur de l'hiver, on laboure à la bêche, en enfouissant l'engrais à une profondeur qui dépend de la nature du terrain et des dimensions de l'arbre.

Pour les vergers, on peut employer, à l'hectare :

200 kil. superphosphate double ou 550 kil. superphosphate à 16 0/0, les 160 kil. chlorure de potassium.

Ou 230 kil. de phosphate de potasse et 40 kil. de chlorure de potassium.

Cette fumure est donnée de novembre à février et, le cas échéant, en mars ou avril : on laboure le sol et au printemps on sème, à la volée, 200 kil. de nitrate de soude.

Dans les sols abondamment fumés de longue date au fumier de ferme, ce qui est fréquemment le cas des jardins particuliers, je recommande tout particulièrement l'emploi des scories de déphosphoration au moment de la plantation des arbres fruitiers (voir page 77). Dans les mêmes sols, l'introduction du plâtre dans la couche de terre qui avoisine les racines de l'arbre devra donner de bons résultats : il y a lieu d'après les faits constatés par M. Oberlin, dont il sera question plus loin à propos de la fumure de la vigne, d'expérimenter l'action du plâtre à la dose de 500 grammes à 1 kilog. par pied d'arbre en sol abondamment pauvre d'éléments azotés, par suite de l'emploi répété de fumier d'étable.

XX. — Treilles et Vignes

La fumure soluble convient particulièrement aux vignes d'un certain âge et aux arbres fruitiers jusqu'aux racines desquels il est difficile, sinon impossible, de faire pénétrer les engrais minéraux insolubles et notamment le phosphate de chaux.

L'engrais pour jardin trouve donc ici une application rationnelle. La vigne aime les sols riches et, sans admettre qu'elle soit aussi peu apte à utiliser les engrais insolubles, que paraît le penser M. Wagner, on doit regarder comme avantageux l'emploi des mélanges qui permettent de porter les matières fertilisantes jusqu'au contact du lacis de racines de vieilles souches.

Le moyen de faire pénétrer à la profondeur voulue les aliments de la plante consiste à donner superficiellement à la vigne une forte fumure soluble, dépassant de beaucoup, par sa teneur en éléments nutritifs, les besoins annuels de la récolte, feuille et bois compris. C'est le procédé recommandé par M. Wagner qui l'a appliqué avec succès. Se basant sur les expériences faites jusqu'ici par lui, ou sous sa direction, M. P. Wagner propose une sorte de rotation quadriennale dans l'application des fumures auxquelles il s'est arrêté.

Voici les mélanges qu'il recommande et leur répartition ; ces quantités se rapportent à un hectare de vigne :

1ʳᵉ ANNÉE

60,000 kilos de fumier
   et 100 kilos de superphosphate double.

2ᵉ ANNÉE

150 k. de superphᵉ double⎫
100 » de chlorʳᵉ de potasⁱᵐ⎬ ou 175 k. de phosphᵗᵉ de potˢᵉ
120 » de nitrate de soude⎭   et 120 k. de nitr. de soude.

3ᵉ ANNÉE

150 k. de superphᵗᵉ double⎫   175 k. phosphᵒ de potasse
150 » chlorure de potassⁱᵘᵐ⎬ ou 50 » chlorʳᵉ de potassⁱᵘᵐ
150 » de nitrate de soude.⎭   150 » nitrate de soude.

4ᵉ ANNÉE

150 k. de superphᵗᵉ double⎫   175 k. phosphᵗᵉ de potasse
200 » chlorure de potassⁱᵘᵐ⎬ ou 100 » chlorʳᵉ de potassⁱᵘᵐ
150 » de nitrate de soude ⎭   150 » nitrate de soude.

Le superphosphate, le chlorure de potassium et le phosphate de potasse peuvent être répandus à l'automne, pendant l'hiver ou au printemps à la surface du sol, puis enfouis aussi profondément que le permet le mode de labour ou de béchage en usage dans le vignoble. Le nitrate de soude est épandu isolément au mois de mars et abandonné sur le sol, sans béchage. La pluie et la rosée se chargeront de l'introduire dans le sol. L'emploi successif des mélanges que je viens d'indiquer constitue la fumure de la vigne que M. Wagner nomme *fumure normale*. Elle doit, d'après lui, subir quelques modifications, notamment dans les cas suivants : pour les sols bas et humides, la dose de nitrate doit être atténuée : les sols secs et en côte exigeront au contraire, pour les mêmes quantités d'acide phosphorique et de potasse, une fumure azotée plus abondante.

Plus le bois est vigoureux, plus doivent être restreintes les quantités de fumier et de nitrate employées, et, inversement, si le bois est chétif, il y aura lieu de répéter plus souvent (tous les trois ans, par exemple) l'application du fumier d'étable et d'augmenter la dose de nitrate. Enfin, dans les parcelles de vignes où la jaunisse se produit, le plus souvent par suite de la présence à une faible profondeur d'une couche d'argile imperméable, on se trouvera bien d'une fumure additionnelle d'un mélange, à parties égales, de nitrate et de phosphate de potasse.

L'emploi du nitrate de soude en viticulture prend, dans le midi de la France surtout, un développement marqué et les vignerons constatent une augmentation très notable dans le rendement des vignes soumises à ce traitement. Je ne puis rappeler ici les nombreuses formules de mélanges d'engrais préconisées pour la vigne : je me bornerais à insister sur l'importance du rôle de l'azote associé à une large fumure phosphatée et, dans un certain nombre de sols aux engrais potassiques.

MM. Trouchaud-Verdier et Chauzit emploient
dans le Gard, le mélange suivant, à l'hectare :

Nitrate de soude............... 360 kilog.
Superphosphate, 0,15 0/0 400
Sulfate de potasse........... 200

Ils associent avec succès le plâtre à cette fumure,
dans les sols riches en azote.

Les expériences de M. Obertin (1) ont mis en
relief, de la façon la plus nette, les bons effets
du plâtre. L'an dernier, les résultats constatés
par l'éminent viticulteur alsacien ont été confirmés dans le Beaujolais par les essais de MM.
Battanchon et Condeminal. Le plâtre, à' la dose
de 2,000 à 4,000 kilos à l'hectare, augmente très
notablement le rendement en vin des vignes
plantées en sol abondamment pourvu en azote.

Les doses de nitrate ont été poussées, dans
certains vignobles du Midi jusqu'à 800 kil. et
plus à l'hectare; mais je ne conseille pas d'adopter
ce mode de faire. D'après les renseignements
fournis par des viticulteurs d'une compétence
indiscutable, le nitrate de soude, à ces doses
exagérées, il est vrai, augmente considérablement la quantité de vin récolté, mais celui-ci est
de qualité et notamment de richesse alcoolique
très inférieures à celles des vins obtenus la
même année dans des vignobles, de tout
point comparables, sauf que les quantités de
nitrate employées étaient bien moindres.

Il semble qu'on doit considérer une dose de 300

---

(1) Voir *Études agronomiques*, 6ᵉ série 1890-1891. Hachette et Cie.

à 400 kil. de nitrate à l'hectare, comme une fumure azotée très suffisante et devant donner d'excellents résultats, tant sous le rapport de la quantité que sous celui de la qualité du vin produit.

Je terminerai en indiquant la composition d'un mélange d'engrais minéral qui, employé en sol pauvre, sur mes indications, a donné de très bons résultats depuis trois ans dans différents vignobles de l'est de la France; en médiocre état et dont il a très sensiblement accru la production en vin.

Scories de déphosphoration..............kil.	1.000
ou phosphate minéral en poudre fine..........	2.000
Kaïnite.................................	1.000
Nitrate de soude........................	300
Plâtre moulu............................	1.500
Soit au total..... 3.800 ou kil......	4.800

représentant, par are, 38 à 48 kilos, et, par mètre carré, 380 à 480 grammes de mélange, suivant qu'on emploie les scories ou le phosphate minéral.

En divisant par le nombre des ceps ou des arbres fruitiers existant sur un hectare planté à larges espacements entre chaque arbre, le poids du mélange (3,800 kil.) on aura la quantité moyenne d'engrais à mettre en cuvette au pied de l'arbre dans le voisinage du fumier.

Cette fumure du prix de 200 francs environ, à l'hectare, pourra être réduit suivant la richesse naturelle du sol ou l'emploi simultané du fumier de ferme, sauf le nitrate, qu'il y aura intérêt à employer tous les ans dans la plupart des cas. Les quantités ci-dessus indiquées de phosphate et de sel de potasse suffiront pour plusieurs années. L'azote peut également être donné aux vignes, partie sous forme de nitrate, partie sous forme d'azote organique, poudrettes riches, fumier de ferme, sang desséché, laine, déchets de cuirs, ou laine torréfiée, etc.

La pratique et les conditions locales modifieront nécessairement les proportions d'engrais à employer, le mélange ci-dessus représentant un maximum qui aura rarement besoin d'être atteint pour assurer un bon rendement.

En terminant, je crois devoir insister sur le traitement très différent, à mon avis, que réclament les vignobles sous le rapport de la fumure, suivant la valeur des vins qu'ils produisent. Toutes les vignes, celles des grands crus comme celles qui produisent les vins ordinaires ont besoin d'engrais. L'azote, l'acide phosphorique et la potasse sont aussi indispensables aux uns qu'aux autres. Mais, si l'on envisage le but à atteindre qui est, avant tout, la *qualité* pour les grands vins, qui placent la France hors de pair avec tous les pays du monde, tandis que la quantité importe non moins autant que la qualité pour les vignobles ordinaires, on comprend aisément que le traitement qui convient aux derniers ne saurait être appliqué aux premiers. La *qualité* n'est pas compatible avec la quantité, du moins dans certaines limites ; une fumure exagérée conduisant à une production considérable nuit certainement à la qualité des vins. Il s'ensuit que les vignerons de nos crus célèbres devront viser à maintenir, par une fumure convenable, le rendement de leurs vignes sans chercher à l'exagérer. A ce point de vue, l'emploi du plâtre, qui, d'après ce que nous avons dit plus haut, augmente très notablement le rendement des vignes plantées en sol riche en azote organique, doit être pratiqué très modérément dans les grands crus, si tant est qu'il y doive être introduit, tandis que, dans les crus moyens ou médiocres, il pourra être d'une grande utilité au point de vue du produit brut de la vigne.

Les propriétaires des grands crus de Bourgogne, du Bordelais et de la Champagne risqueraient de tuer la poule aux œufs d'or, en exagérant les fumures.

Les cultures arbustives autres que les fruitiers et la vigne, tels que houblons, oseraies, etc., ont sensiblement les mêmes exigences que ces derniers et les fumures indiquées précédemment peuvent leur être appliquées avec succès.

Les oliviers, amandiers et autres arbustes du sud de l'Europe sont trop souvent délaissés sous le rapport de la fumure. L'emploi des phosphates minéraux et des scories de déphosphoration dans les sols siliceux, celui des superphosphates dans les terrains calcaires, associés aux engrais azotés, tourteaux oléagineux ou fumier, n'est pas moins efficace pour ces arbustes que pour la vigne.

VI. Prairies naturelles

C'est une erreur absolue, beaucoup trop répandue encore chez certains cultivateurs de considérer, comme inutile, de fumer les prairies. L'alimentation du bétail sera d'autant meilleure et les rendements en foin d'autant plus élevés que les prés seront mieux entretenus et fumés. L'idéal serait de pouvoir concentrer, dans une exploitation, les fumures intensives sur les prairies, de manière à récolter beaucoup de fourrage, ce qui permettrait d'élever ou de nourrir beaucoup de bétail et produire beaucoup de fumier.

La *garniture* de la prairie est d'autant plus abondante que le sol est mieux pourvu en éléments minéraux assimilables et notamment en acide phosphorique.

Les deux matières fertilisantes par excellence pour les prairies, et notamment pour celles qui sont déjà anciennes, sont les phosphates et les sels de potasse (kaïnite). Si l'on recoure à l'emploi du nitrate de soude, il ne faut pas en exagérer la dose : 60 à 80 kilogr. à l'hectare suffisent en général. Les légumineuses, qui forment la garniture de la prairie, puisent dans l'air l'azote nécessaire à leur nutrition, mais cette assimilation de l'azote gazeux n'a lieu qu'autant que les plantes rencontrent dans le sol une quantité suffisante d'acide phosphorique, de potasse, etc.

Une fumure annuelle à l'automne ou à la fin de l'hiver, de 600 à 1,000 kilog. de scories de déphosphoration et de 400 à 500 kilog. de kaïnite, si le sol manque de potasse, est tout à fait rémunératrice, dans la plupart des cas. La dépense qu'occasionne cette fumure est à l'hectare de 55 à 80 francs. L'acide phosphorique transforme la nature d'une prairie, en permettant le développement des légumineuses, trèfle blanc, etc., dont les graines enfouies dans le sol ne se montrent que sous l'influence de la fumure phosphatée. On se trouve particulièrement bien de l'emploi des sels de potasse pour la fumure des prairies humides.

On double parfois le rendement en foin et en regain d'une vieille prairie, par l'apport de quantités convenables de phosphate et de potasse.

Contrairement au préjugé trop répandu encore, que l'herbe doit pousser sans fumure, les cultivateurs ont donc tout intérêt à faire une large part aux prairies dans la répartition des engrais et c'est, dans le plus grand nombre des cas, à la fumure minérale qu'ils devront recourir, réservant pour les terres en culture le fumier d'étable presque partout produit en quantité insuffisante pour subvenir aux exigences des champs.

VII. Les Engrais commerciaux

XXI.— Indications sommaires sur la composition, le mode d'achat et le contrôle des engrais.

Les engrais commerciaux, complémentaires du fumier de ferme tirent leur valeur de leur richesse en azote, acide phosphorique, potasse et magnésie. Leur prix est basé, à la fois, sur leur teneur en l'un ou plusieurs de ces principes fertilisants et sur l'état chimique de chacun de ceux-ci dans l'engrais considéré.

Pour compléter les renseignements pratiques que j'ai cherché à condenser dans cet opuscule, touchant l'emploi des engrais commerciaux, je crois utile d'indiquer sommairement la composition des principales matières fertilisantes qu'on trouve dans le commerce, les précautions dont l'agriculteur doit s'entourer pour leur achat et les moyens simples auxquels il doit recourir pour éviter d'être trompé sur la nature et le prix de vente des engrais.

Je suivrai dans cet exposé la classification suivante : 1° *engrais azotés* ; 2° *engrais phosphatés* ; 3° *engrais potassiques* ; 4° *engrais mixtes*, c'est-à-dire contenant plus d'un principe fertilisant.

1° ENGRAIS AZOTÉS (1)

Nitrate de soude. — A l'état de pureté, renferme 16,47 d'azote ; le nitrate du commerce à 95 0/0 de pureté correspond à 15 60 d'azote environ.

Sulfate d'ammoniaque. — Pur, contient 21 21 0/0 d'azote ; le sulfate de commerce en renferme de 20 à 20,6 0/0.

Nitrate d'ammoniaque. — Pur, contient 38 8 0/0 d'azote ; le nitrate du commerce en renferme de 30 à 33 0/0.

Sang desséché moulu. — Titre de 11 à 15 0/0 d'azote organique.

---

(1) Leur valeur dépend uniquement de leur teneur en azote.

Corne torréfiée moulue. — Titre de 13 à 15 0/0 d'azote organique.

Laine, cuir, etc. — Titrant de 9 à 13 0/0 d'azote.

2° ENGRAIS PHOSPHATÉS

La teneur en acide phosphorique varie de 10 à 50 0/0 dans les engrais phosphatés que livre l'industrie.

Phosphates minéraux bruts (phosphates naturels en poudre fine) contiennent de 14 à 37 0/0 ; mais les phosphates d'un titre supérieur à 23 ou 24 0/0 sont généralement employés à la fabrication des superphosphates, tous ceux d'un titre inférieur à 24 étant plus particulièrement utilisés directement par l'agriculture. Le degré de finesse de la mouture des phosphates importe beaucoup.

Superphosphates (phosphate naturel ou poudre d'os traités par l'acide sulfurique) ; ils sont de richesse très variable en acide phosphorique ; les superphosphates *doubles* contiennent de 45 à 50 0/0 d'acide phosphorique ; les superphosphates ordinaires, en renferment de 10 à 20 0/0. Il y a toujours intérêt à acheter des superphosphates à haut titre, puisque le transport de la matière inerte grève d'autant plus le prix de l'acide phosphorique que l'engrais renferme de ce dernier une moindre proportion.

Scories de déphosphoration renfermant, suivant leur provenance, de 14 à 20 0/0 d'acide phosphorique et de 45 à 55 0/0 de chaux très assimilable. Comme pour le phosphate naturel, le degré de finesse des scories a une grande importance au point de vue de la rapidité de son utilisation pour les plantes.

Noir d'os de raffinerie (29 0/0 d'acide phosphorique); la *poudre d'os* et la tournure d'os contiennent de 22 à 26 0/0 d'acide phosphorique, suivant qualité.

Calcul de la teneur en acide phosphorique d'un phosphate

Une simple opération arithmétique permet d'établir la richesse en acide phosphorique d'une matière dont on connaît la teneur en phosphate tribasique de chaux. Il suffit de diviser le poids du phosphate de chaux contenu dans 100 parties d'engrais par le nombre 2,183 pour obtenir le taux centésimal de cet engrais en acide phosphorique pur; inversement pour connaître le poids de phosphate tribasique de chaux auquel correspond une teneur donnée d'un engrais en acide phosphorique, on multiplie, par le même nombre 2,183, le taux d'acide phosphorique.

Exemple : 1° On a acheté 100 kilog. de superphosphate à 18 0/0 d'acide phosphorique, on demande quelle quantité de phosphate tribasique de chaux renferme le superphosphate.

Réponse :

$$18 \times 2,183 = 39,29 \ 0/0$$

de phosphate tribasique pur.

2° On a acheté une tonne de phosphate minéral en poudre avec une garantie de 65 0/0 de phosphate pur. On demande combien ce phosphate renferme d'acide phosphorique pur.

Réponse :

$$\frac{65}{2.183} = 29° \ 7 \ 0/0 \text{ d'acide phosphorique.}$$

3° ENGRAIS POTASSIQUES

Le *chlorure de potassium* pour engrais renferme de 48 à 50 0/0 de potasse pure. Le *sulfate de potasse* contient de 48 à 51 0/0 de cette base.

4° ENGRAIS MIXTES

Je donne le nom d'engrais mixtes aux substances naturelles qui contiennent plusieurs éléments fertilisants. (Acide phosphorique, azote, potasse et magnésie.) Nous allons énumérer les plus importants de ces engrais.

1° Phosphate de potasse. Il contient 36 0/0 d'acide phosphorique et 27 0/0 de potasse. Il est entièrement soluble à l'eau.

2° Phosphate d'ammoniaque. Il renferme 46 0/0 d'acide phosphorique et 7 0/0 d'azote.

Ces deux sels, et notamment le phosphate de potasse, peuvent être utilement employés en couverture, au printemps, dans le cas où l'on voudrait, à cette époque, donner de l'acide phosphorique à un sol portant une récolte.

3° Nitrate de potasse. Il contient 44 0/0 de potasse et 13.6 0/0 d'azote. Ces trois matières, associées convenablement (page 94) au nitrate de soude et au nitrate d'ammoniaque, constituent les mélanges que j'ai fait connaître sous le nom d'*Engrais pour jardins* et *Engrais pour fleurs* d'appartement et de serre.

L'engrais pour jardin se vend actuellement aux prix suivants (1).

Par sac de 100 kil...... 80 fr. sur wagon Paris
Par sac de 50 kil...... 45 fr.   id.
Par sac de 10 kil...... 12 fr.   id.

et *franco* dans toutes les gares de France, en colis postal, au prix de 2 francs le kilog. par caisses de 5 kilog. et de 2 fr. 50 par caisses de 3 kilog.

4° Kaïnite. — Ce sel renferme 12 à 13 0/0 de potasse et 15 0/0 de magnésie à l'état de sulfate.

5° Poudrettes et tourteaux organiques des matières fécales. Teneur : 1 à 2 0/0 d'azote, 2 à 6 0/0 d'acide phosphorique, suivant le mode de préparation.

6° Tourteaux de graines oléagineuses. 3 à 6 0/0 d'azote organique, 1.5 à 2 0/0 d'acide phosphorique, 2 à 4 0/0 de potasse.

XXII. — Achat et contrôle des engrais.

La loi du 4 février 1888 et le règlement d'administration publique du 10 mai 1889 qui la complète, mettent désormais les agriculteurs à l'abri des fraudes éhontées dont le commerce des engrais a été trop longtemps l'objet. L'organisation de nombreux syndicats agricoles et la multiplication des Stations agronomiques et des

---

(1) A l'Office général des agriculteurs, directeur M. E. Sainte-Claire-Deville, 12, rue du Havre, à Paris.

laboratoires agricoles offrent, en outre, toutes facilités aux cultivateurs de se soustraire à la fraude, d'acheter, aux meilleures conditions, des engrais de composition bien définie et d'en faire vérifier la valeur et la richesse par l'analyse.

Les cultivateurs qui seront les dupes des négociants malhonnêtes ne devront donc, à l'avenir, s'en prendre qu'à eux-mêmes, à leur crédulité dans les paroles des commis-voyageurs en engrais, dont je leur conseille de repousser les offres, presque toujours dolosives pour l'acheteur.

Quel que soit le mode choisi pour l'achat des engrais, il devra toujours avoir pour base la garantie écrite du vendeur indiquant :

1º La richesse en chacun des principes fertilisants (azote, acide phosphorique, potasse) rapportée aux 100 kilog. d'engrais ;

2º L'état sous lequel l'engrais renferme ces trois corps : azote organique, nitrique ou ammoniacal; acide phosphorique soluble ou insoluble; potasse à l'état de sulfate, chlorure ou carbonate ;

3º L'origine ou l'état naturel de l'engrais; (phosphate minéral, phosphate d'os, scories de déphosphoration, etc.)

Nous conseillons au cultivateur d'acheter les matières premières de ses fumures (nitrate de soude, phosphates, superphosphates, sels de potasse etc.), et de faire lui-même à la ferme les mélanges à répandre sur ses terres. Entre autres avantages, ce mode d'achat rend la vérification du titre et de la pureté des engrais beaucoup plus facile que si l'on a affaire à un mélange expédié de l'usine.

Pour faciliter aux acheteurs la vérification, par un laboratoire agricole, du degré de pureté des engrais, je reproduis ci-dessous l'instruction que j'ai rédigée pour le prélèvement des échantillons destinés à l'analyse. En se conformant aux indications relatives aux dosages à demander, les expéditeurs d'échantillons d'engrais faciliteront le travail du chimiste auquel ils s'adresseront et éviteront les frais d'une analyse complète.

Indications à joindre à l'envoi d'échantillons d'Engrais commerciaux à analyser.

Les principales matières qui servent à établir la valeur d'un engrais sont les suivantes :

1° *Azote sous trois formes.*

a. Azote organique insoluble.
b. Azote ammoniacal.
c. Azote nitrique.

2° *Acide phosphorique sous trois formes.*

a. Acide phosphorique soluble dans l'eau.
b. Acide phosphorique soluble dans le citrate.
c. Acide phosphorique insoluble.

3° *Potasse a l'état de sel soluble.*

a. Chlorure.
b. Sulfate.
c. Carbonate.
d. Nitrate.
e. Phosphate.

Afin de faciliter aux agriculteurs la rédaction de la note dont ils doivent accompagner tout envoi au laboratoire, d'échantillons à analyser, je rappellerai, pour chacun des principaux engrais industriels, les dosages qu'ils doivent ndiquer, s'ils désirent obtenir une analyse complète et pouvant les renseigner exactement sur la valeur de ces engrais. Si, par suite de l'arrangement fait avec le vendeur, la garantie ne porte que sur une des matières fertilisantes, l'expéditeur pourra se borner à l'indication de cette substance.

Nature des engrais industriels	Principes à doser pour établir la valeur vénale et agricole
I. — Superphosphates minéraux, phosphorite et coprolites traités par l'acide sulfurique.......	Acide phosphorique soluble dans l'eau, dans le citrate, insoluble.
II. — Superphosphates d'os de noir de raffinerie, etc.	Acide phosphorique soluble dans l'eau, dans le citrate, insoluble : Azote.
III. — Guanos traités par l'acide sulfurique. Phosphoguano..............	Azote total. Acide phosphorique soluble dans l'eau, dans le citrate, insoluble. Azote ammoniacal. Azote organique.
IV. — Phosphorites: scories de déphosphoration : coprolithes; phosphate d'os précipité; cendre d'os..................	Acide phosphorique total. Chaux.
V. — Poudre d'os; tournure d'os; poudrettes; noir de raffinerie; os dégélatinés..............	Acide phosphorique total. Azote organique.
VI. — Phosphate de potasse	Acide phosphorique total. Potasse.
VII. — Phosphate d'ammoniaque................	Acide phosphorique total. Azote.
VIII. — Nitrate de potasse...	Azote nitrique. Potasse
IX. — Nitrate de soude....	Azote nitrique.
X. — Sulfate d'ammoniaque........	Azote ammoniacal.

XI. — Laine. Déchets de draps. Corne. Cuir. Sang desséché. — Débris animaux............... } Azote total.

XII. — Cendres de bois, de houille, de tourbe...... } Acide phosphorique total. Potasse.

XIII. — Sels de potasse. Indiquer si ce sontdes chlorures, sulfates, carbonates, salins de betterave, etc............... } Potasse.

XIV. — Tourteaux.......... } Acide phosphorique total. Azote. Potasse.

XV. — Engrais pour jardins et pour fleurs.......... } Acide phosphorique total. Azote nitrique. Azote ammoniacal. Potasse.

XVI. Engrais composés. — Cette dernière catégorie peut contenir tous les principes nutritifs ; azote et acide phosphorique sous leurs trois formes, et potasse. Il importe d'indiquer si ces mélanges sont formés de nitrate de soude ou de potasse comme source d'azote ; s'ils contiennent du sulfate d'ammoniaque, des superphosphates, etc...

NOTA. — Tous les échantillons d'engrais à analyser doivent être expédiés dans des flacons de verre bien bouchés. L'envoi dans des sacs en toile ou en papier, boîtes en cartons, etc., doit être proscrit, à raison des variations que la matière à analyser peut subir en prenant de l'humidité ou en perdant de l'eau pendant le transport.

L'analyse du sol est parfois indispensable pour l'application judicieuse des engrais. Si elle ne permet pas d'apprécier d'une manière absolue le degré de fertilité d'une terre, elle a tout au moins pour résultat de faire connaître la richesse ou la pauvreté de la terre en chacun des principes fertilisants importants, acide phosphorique, azote, potasse, chaux et magnésie. Bornée à la recherche et au dosage de ces cinq éléments, l'analyse d'une terre suffit généralement pour guider très utilement le cultivateur dans le choix des engrais et dans les quantités à employer. — L'instruction suivante indique comment doivent être prélevés les échantillons de sols destinés à l'analyse.

Instruction sur la prise d'échantillons de sol destinés à l'analyse.

Il y a deux cas à considérer pour un même champ : 1° cas d'un sol homogène ; 2° cas d'un sol variable dans son aspect et dans sa composition.

1° Si le sol présente, en ce qui concerne sa constitution géologique, sa fertilité ou son aspect physique, des parties très différentes, il sera bon, de faire, de prélever, dans chacune de ces différentes parties, des échantillons spéciaux. Cette prise d'essai se fera avec toutes les précautions indiquées plus loin.

2ˢ Si le sol est homogène, s'il appartient dans toute l'étendue du terrain à la même formation géologique, il suffira de prélever un échantillon *moyen*, en observant exactement les indications qui vont suivre.

Prélèvement des échantillons. — On commence par diviser le champ par des diagonales, ou par des lignes transversales dont la direction ne saurait être précisée à l'avance, mais que l'inspection de la forme et la configuration extérieure du champ indiqueront suffisamment. — Dans les conditions ordinaires d'homogénéité (sols franchement calcaires, granitiques, argileux, siliceux), il suffit de déterminer une quinzaine de points (par hectare) où devront être prélevés les échantillons de terre.

Ces points une fois déterminés, on nettoie la surface du sol à l'aide d'une pelle, de manière à éloigner du lieu où l'on prélèvera la terre, les détritus qui la couvrent accidentellement, tels que feuilles sèches, fragments de bois, corps étrangers, débris de vaisselle, fer-blanc, etc., etc. La place étant bien propre, sur une surface de 0 m. 50 à 0 m. 60 de côté, on pratique, à la bêche, un trou à parois aussi verticales que possible, en rejetant au dehors la terre qu'on extrait de cette petite fosse. La longueur du trou doit être d'environ 0 m. 40; sa largeur est déterminée par celle de l'instrument qu'on emploie; quant à sa profondeur, elle varie avec celle des labours en usage dans le pays; la couche de terre arable est, en effet, celle qui constitue le sol proprement dit, et ne doit pas être mélangée, dans l'échantillonnage avec la terre du sous-sol. Lorsque la fosse est complètement nettoyée, on enlève, par tranches verticales, à la bêche, des couches parallèles, en pratiquant un nombre suffisant de sections perpendiculaires, pour extraire environ 4 à 5 kilogrammes de terre. Au sortir de la fosse, la terre est déposée sur une petite bâche en toile dont s'est muni l'opérateur.

On répète ce prélèvement d'échantillons sur autant de points du champ qu'il est nécessaire pour obtenir une représentation aussi exacte que possible de sa composition moyenne. On réunit ensuite, sur une bâche de plus grande dimension, tous les échantillons de terre, on les mélange aussi intimement que possible avec la bêche et l'on prélève sur la masse un échantillon moyen du poids de 4 à 5 kilogrammes environ. On étale cet échantillon sur une toile, dans un lieu couvert, et on le laisse se ressuyer à l'air. Lorsque la dessication est suffisante, la terre est mise dans un sac ou mieux dans un vase en terre et soigneusement étiquetée.

Durant le mélange des divers échantillons sur la bâche, on a écarté les pierres et les cailloux qui dépassént le volume d'une noix, en notant approximativement leur nombre, relativement à un poids donné de terre, leur grosseur et leur nature géologique et chimique (calcaire, siliceuse, etc.)

On procède ensuite, exactement de la même manière et avec les mêmes précautions, à la prise d'échantillons du soussol, en utilisant les petites fosses faites en vue du prélèvement du sol. — La nature, l'aspect et la disposition des couches indiquent à quelle profondeur il faut prélever le sous-sol; en général, une profondeur égale à celle du sol cultivé suffit. Si la couche arable a 0 m. 15 de profondeur, on prélèvera le sous-sol sur la même profondeur. La profondeur à laquelle pénètrent les racines des plantes récoltées dans le terrain fournit aussi une indication précieuse.

Quand il s'agit de sols forestiers, le sous-sol doit être recueilli entre 0 m. 40 et 0 m. 50 au-dessous du plan où s'étendent, où pénètrent les racines. Un peu de coup d'œil et d'habitude renseignent d'ailleurs très vite à ce sujet.

DOCUMENTS A CONSULTER

I. — Etablissement de champs de démonstration

Aucune dissertation ne vaut, pour édifier les cultivateurs, sur le profit que peut donner l'application judicieuse des engrais, la vue d'un champ, convenablement traité et fumé, situé à côté d'une parcelle de même étendue, cultivée et fumée suivant la routine du paysan de la localité. Les associations et les syndicats agricoles, les grands propriétaires doivent prendre l'initiative de la création de champs de démonstration pour lesquels ils sont certains de rencontrer le concours pécuniaire du gouvernement, s'ils lui font appel en se conformant aux règles qui ont été posées par le ministère de l'agriculture.

La première observation sur laquelle je ne saurais trop insister est la définition exacte du but que doivent se proposer les organisateurs d'un *champ de démonstration*.

Il règne à ce sujet une confusion déplorable dans l'esprit de beaucoup d'hommes animés des meilleures intentions. Cette confusion a pour conséquence de fausser entièrement l'institution excellente à laquelle le ministère de l'agriculture attache, à juste titre, une grande importance au point de vue du progrès de notre agriculture : elle conduit finalement à un résultat diamétralement opposé à celui que poursuivent les organisateurs de ces champs.

La distinction la plus tranchée existe entre les *champs d'expérience* et les *champs de démonstration*.

Le premier a pour objet l'étude expérimentale de divers modes de fumure, de diverses méthodes de culture, de différentes semences, appliquées à une plante quelconque de grande culture. Les tâtonnements, les divergences dans les résultats, les insuccès mêmes sont autant de conditions inséparables de l'*expérimentation;* ils portent avec eux leurs enseignements, mais ne sauraient être placés sous les yeux des cultivateurs, sans commentaires.

Les champs de démonstration, au contraire, ne doivent laisser aux résultats qu'on en attend d'autres aléas que l'influence des conditions climatologiques de l'année, qui échappent entièrement à l'action de l'homme. Ils ont pour but de *démontrer* les résultats acquis dans les champs d'expérience ou dans la pratique agricole la mieux entendue de la région. C'est donc uniquement la reproduction de faits acquis par l'expérience et par la pratique intelligente, concernant le choix de telle ou telle variété de graine prolifique, s'il s'agit de semences, de telle ou telle matière fertilisante, la plus avantageuse pour une récolte donnée, s'il s'agit d'engrais, que les champs de démonstration ont pour objet unique de mettre sous les yeux des cultivateurs du pays.

A part les cas de force majeure, les résultats des champs de démonstration doivent *toujours être bons;* ceux qu'on obtient dans les champs d'expérience peuvent être bons, médiocres ou mauvais, puisqu'ils ont pour objet l'étude d'un procédé, d'une semence ou d'un engrais nouveau.

C'est pour avoir trop souvent confondu *démonstration* avec *expérience* que l'on a fait fausse route.

L'insuccès d'un champ de *démonstration* mal compris porte le plus grand préjudice à la propagation des vérités qu'il s'agissait de démontrer à son aide. On doit donc instituer un champ de démonstration uniquement en vue de mettre en évidence les résultats acquis et non pour résoudre tel ou tel problème agronomique. Aux directeurs des stations agronomiques appartient l'organisation et la direction de champs d'expérience; aux professeurs départementaux, aux praticiens émérites d'une région, la création de champs de démonstration où ils appliqueront les procédés, les semences et les engrais dont la valeur leur est connue à l'*avance*.

C'est dans cet ordre d'idées qu'il y a lieu d'instituer le plus grand nombre de champs de démonstration de la valeur agricole du nitrate de soude associé ou non, suivant l'état du terrain et les ressources dont on dispose, au fumier de ferme, aux phosphates et à la potasse.

Les principales règles à suivre pour la création de ces champs de démonstration me paraissent être les suivantes :

Choix d'un terrain situé dans un lieu fréquenté, d'un accès facile. — Division du terrain (1 hectare au maximum suffit) en deux parties égales, d'orientation identique, séparées par un sentier de 0 m. 80 à 1 mètre. — Mise en état de l'une des parcelles par les procédés de culture reconnus les meilleurs dans la localité d'après la nature du terrain ; culture de la deuxième parcelle à la mode des paysans du pays.

Fumure de l'une des parcelles suivant la méthode des paysans, comme nature d'engrais et comme quantité de fumure.

Fumure de l'autre parcelle avec le mélange de nitrate et de phosphate qu'on aura fixé, d'après les résultats obtenus dans la région, 200 kilog. de nitrate, par exemple, et 60 kilog. d'acide phosphorique ou tout autre mélange d'efficacité reconnue.

Ensemencement du champ, le même jour, avec la même semence, dans les deux parcelles.

En opérant ainsi, on aura modifié deux conditions : celles de la mise en état du sol et de la fumure de la terre. Si l'on dispose d'un espace double

de terrain, on pourra répéter la démonstration, en
ne faisant valoir qu'une seule condition, la fumure;
il suffira, pour cela, de donner la même culture aux
deux parcelles.

L'objectif qu'on ne doit pas perdre de vue est
d'assurer le résultat de la démonstration qu'on se
propose; il ne s'agit donc nullement de faire une
expérience, mais de *montrer* l'effet d'une fumure *ex-
périmentée* ailleurs.

Les insuccès auxquels ont conduit, d'une part, la
falsification des engrais minéraux ; de l'autre, leur
emploi défectueux, ont eu la plus fâcheuse influence;
ils ont jeté, sur une pratique excellente en soi, une
défaveur qu'il est très difficile de détruire dans l'esprit des petits cultivateurs, que le résultat final seul
a frappé.

On retomberait dans le même danger en instituant
des *champs d'expérience* au lieu et à la place de
champs de démonstration, le succès, c'est-à-dire l'accroissement de récolte, dans l'espèce, étant la condition *sine quâ non* pour porter la conviction dans
l'esprit de nos laborieux paysans qui n'ont ni le loi-
sir ni l'instruction suffisante pour discuter les résultats d'une expérience, mais que le doublement
d'un rendement de la récolte ne saurait laisser de
convaincre rapidement.

II. — Lettres de MM. Pozzi-Escot et G. Dethan

Mont-de-Nérac, par Bergerac, le 10 août 1890.

Monsieur,

J'ai suivi, dès le début, avec un puissant intérêt,
la campagne que vous avez entreprise dans vos
belles *Etudes agronomiques*, en faveur de la culture
rémunératrice du blé en France ; non pas tant que

la question me touchât personnellement, puisque je m'occupe surtout de viticulture, que parce qu'il se trouvait précisément que ce que vous établissez avec tant de force : qu'il est possible, sans protection douanière, de produire avec bénéfice, en France, des céréales, à condition de les cultiver intensivement, mais à cette condition seulement qui s'applique absolument aussi à la culture de la vigne et à ses conditions nouvelles.

Vous veniez ainsi confirmer, avec toute l'autorité qui s'attache à votre nom, une thèse qui m'était chère et dont je m'efforce de démontrer la vérité, autour de moi, par les résultats de mon vignoble.

Rien, vous le comprenez, ne pouvait m'intéresser davantage.

J'avais déjà employé les scories dans mes vignes, en remplacement du phosphate précipité, depuis que vous les aviez signalées comme source économique d'acide phosphorique et je m'en était fort bien trouvé. En 1888 donc, me trouvant avoir une pièce de vigne détruite par le phylloxera, de 80 ares, environ, que je ne voulais pas replanter encore, je résolus d'y essayer la culture des céréales, avec les scories et le nitrate de soude.

J'ai cultivé sur cette terre, en 1888 et 1889, du blé et de l'avoine, sans autre fumure que 1,000 kilogr. de scories 16/20 et 250 kilogr. de nitrate de soude, à l'hectare.

Cette terre, en coteau élevé, très sec, silicéo-argileux, de qualité à peine moyenne, et qui de temps immémorial portait de la vigne sans avoir jamais reçu de fumure, ensemencée après un seul labour, m'a donné un rendement supérieur à celui obtenu dans les meilleures terres à blé de la riche plaine de Bergerac, avec la culture du pays.

Je n'ai pas, malheureusement, le chiffre exact du rendement de ces premières expériences, mais je suis, je vous l'affirme, au-dessous de la vérité, en l'estimant d'un quart supérieure à la moyenne la plus élevée du pays. Les variétés ensemencées étaient le blé barbu et l'avoine noire du pays.

Je voulus aussi, l'an dernier, faire un essai de culture en ligne à grand espacement, suivant la méthode du major Hallett. Je semai donc, en ligne, à la main, sur une étendue de 2 ares environ, les variétés de blé suivantes que je m'étais procurées dans la maison Vilmorin : Shireff square-head ; Dattel-Hickling-Hallett's pedigree rouge, et, comme point de comparaison, blé barbu de pays.

Le semis fut fait le 8 octobre 1888, à 25 centimètres, en tout sens. Au labour précédent de la semaille, j'avais répandu, à la volée, des scories, à la dose de 1,000 kil. En mars, je semai 150 kilogr. seulement de nitrate de soude. Comme le semis avait été fait dans un jardin fumé de longue date, je craignais de provoquer la verse en mettant une plus forte proportion de nitrate.

Le semis leva bien, talla énormément, et au moment de la floraison, ces blés étaient aussi fournis que ceux semés à la méthode ordinaire. Chose remarquable, la variété du pays le cédait à peine aux variétés améliorées comme développement de nombre des tiges par pied.

Les résultats de cette expérience promettaient donc d'être très intéressants ; malheureusement un très violent orage, dans les derniers jours de juin 1889, occasionna la verse complète de mon petit champ ; les oiseaux se jetèrent dessus, dévorèrent les épis, et il me fut impossible d'obtenir un chiffre de rendement de quelque exactitude.

Néanmoins, encouragé par les résultats du semis clair en ligne que j'avais pu apprécier jusqu'à un certain point, malgré l'accident survenu à mon champ d'expérience, je résolus de semer encore en blé, pour la troisième fois consécutive, ma pièce de vigne arrachée.

N'ayant pas de semoir à ma disposition et ne pouvant songer à semer à la main une étendue aussi considérable, je cherchai à obtenir d'une autre façon, à peu près le résultat du semis en ligne, et voici comment j'y parvins : Au lieu de labourer en billon, suivant la coutume locale, je fis labourer, à plat, en planches, et je fis répandre la semence, très clair et seulement dans le sens du labour, au lieu de la jeter, comme cela se pratique habituellement, de côté, en lui faisant décrire une parabole ; puis on hersa en long.

De cette façon, l'aspect de mes blés, après la levée, était presque celui de blés semés au semoir en ligne. L'écartement des pieds sur la ligne n'était pas aussi régulier, cela va de soi, mais la distance entre les lignes ne laissait guère rien à désirer, celle-ci correspondant à chaque trait de charrue.

On employa 150 litres seulement de semence à l'hectare ; la semaille fut faite le 7 octobre 1889. Le blé semé était de la variété Kissengland et m'avait été vendu par le Syndicat libre des agriculteurs de la Dordogne.

Comme les années précédentes, la terre avait reçu 1,000 kilogr. de scories à l'hectare, et je fis répandre au printemps (fin mars), 200 kilogr. de nitrate de soude à l'hectare. On donna un hersage après. Les blés furent également esherbés et sarclés à la main, travail rendu facile et peu coûteux, par le semis très clair et en ligne.

Ces blés, qui, au début, paraissaient, surtout aux yeux des agriculteurs mes voisins, ridiculement clairsemés, ont tallé énormément après l'épandage du nitrate et ont pris un développement absolument inattendu.

Grâce à l'influence des scories, sans doute aussi à leur espacement, ils n'ont pas versé bien que leur hauteur atteignît, *en moyenne*, 1^{m}65, beaucoup de tiges avaient jusqu'à 1ᵐ80. J'ai trouvé des pailles d'un diamètre de 6 m/m. J'ai compté sur certains pieds, jusqu'à 17 tiges, mais la moyenne était de 8 à 12 par pied.

Chaque pied portait plusieurs épis de 10 à 11 centimètres de long, comptant 55 à 60 grains; il y avait un grand nombre d'épis beaucoup plus grand, de 12 à 14 centimètres, comptant jusqu'à 78 grains.

J'ai voulu avoir un point de comparaison; j'ai donc cherché dans le blé le mieux réussi que j'ai pu trouver dans la plaine de Bergerac, le plus bel épi qu'on y pût voir, il mesurait 8 centimètres et comptait 39 grains. La hauteur du blé était à peine de 1ᵐ40 et c'était pourtant un champ exceptionnellement beau !

J'ai fini hier de battre ce blé. Le rendement a été, pour 80 ares 64 centiares :

Grains, 1,968 kilogr.; paille, 4,950 kilogr.; ce qui correspond aux rendements suivants, à l'hectare :

Grains, 2,440 kilogr.; paille, 6,138 kilogr.

Ce dernier chiffre surtout m'a vivement frappé. La production de la paille est toujours insuffisante, par ici. Plus de la moitié des fermes achètent pour litière des bruyères et des ajoncs fournis par la partie boisée du nord de l'arrondissement, et la dépense occasionnée de ce chef à la culture ne laisse pas d'être considérable, ces litières étant vendues un prix relativement élevé, soit de 12 à 14 francs la charretée du poids moyen de 1,000 kilogr. Le prix de la paille atteint souvent 5 francs les 100 kilogr. et ne descend jamais au-dessous de 4 francs le quintal, sur le marché de Bergerac, où sa vente est toujours assurée. Il y a donc pour le cultivateur un intérêt de premier ordre à obtenir, avec un rendement en grains élevé, une production de paille aussi considérable que célle que j'ai obtenue, susceptible d'accroître dans une très notable mesure le revenu net de son exploitation.

Le blé pèse 81 kilogr. l'hectolitre.

Les rendements que je viens d'avoir l'honneur de vous faire connaître sont absolument exceptionnels pour ma région; je vous affirme qu'ils ne sont jamais atteints dans nos meilleures terres à blé, avec les plus grosses fumures au fumier de ferme, qui est seul employé ici. Pour moi, il est manifeste qu'ils sont attribuables surtout à l'apport d'acide phosphorique et de nitrate fait à la terre, et, pour une bonne part aussi, au semis très clair que j'ai pratiqué.

Dans une autre parcelle contiguë de 44 ares, que j'ai achetée en septembre dernier, vieille vigne phylloxérée arrachée depuis quatre ans et absolument inculte, j'ai obtenu un résultat qui confirme absolument le premier.

J'ai ensemencé cette parcelle, après un seul labour suivi d'un hersage, c'est-à-dire dans les plus mauvaises conditions, avec de l'avoine noire du pays. Au moment du labour, j'ai fait répandre des scories à raison de 1,000 kilogr., et fin mars, du nitrate à raison de 250 kilogr. Les semailles ont été faites tardivement, fin octobre. La récolte, sur ces 44 ares a été de 875 kil. de grain et de 2,000 kilogr. de paille. (19 qx. m. 89 à l'hectare.)

Là encore, l'action des scories et du nitrate est prépondérante dans le résultat obtenu.

En effet, en 1887 et 1888, le propriétaire de cette parcelle l'avait, avant moi, ensemencée d'avoine, celle-ci *n'avait même pas pu épier et n'avait pas été récoltée*, n'en valant pas la peine.

Voici, enfin, un détail bien typique pour qui connaît le paysan et son instinctive horreur pour les pratiques nouvelles! Mon laboureur qui est en même temps propriétaire d'un petit lopin de terre, après s'être bien rendu compte des résultats obtenus sur ces deux parcelles, est venu me prier de lui céder ce qu'il lui faudra de semence de blé Kissengland, et de faire venir pour lui, cette année avec les miens, quelques sacs de ces *sels noirs et blancs* que j'avais employés.

Et voilà un converti à la cause des engrais chimiques et des semences améliorées !

J'ai l'intention d'ensemencer encore une quatrième fois, en blé, la même pièce de terre.

En procédant comme cette année, je veux, de plus recommencer mon expérience de semis à la main, en ligne, à grand espacement. Dans ce but, j'ai trié moi-même, avant la moisson, 300 des plus beaux épis dont aucun n'a moins de 12 centim. de long; je compte ne prendre sur chacun d'eux que les plus beaux grains, et j'espère arriver ainsi à des résultats curieux. — Si ce nouvel essai peut présenter pour vous quelque intérêt, je serai heureux de vous en communiquer les résultats.

J'espère, monsieur, que vous excuserez cette bien longue lettre et me pardonnerez la liberté que j'ai prise de vous entretenir de mes essais; il m'a semblé, je l'avoue, que vous ne sauriez en vouloir, même à un parfait inconnu, de vous apporter ce qui lui paraît être un argument de plus à l'appui de la cause d'un intérêt, si véritablement national, que vous avez prise en mains.

Veuillez agréer, etc.

P. POZZI-ESCOT.

M. Pozzi-Escot fait des prosélytes autour de lui : quelques passages empruntés à sa correspondance intéresseront sans doute nos lecteurs, en leur montrant qu'il ne s'agit pas d'un cas isolé, d'une expérience plus ou moins probante, mais bien de procédés de culture économique des blés susceptibles de généralisation.

Voici ce que m'écrivit M. Pozzi en m'envoyant les résultats de la récolte de 1891 :

Avant de vous faire connaître les résultats que j'ai encore obtenus cette année dans le sol que vous savez, permettez-moi de vous entretenir de ceux qu'ont obtenus les personnes que j'avais décidées, l'an dernier, à suivre vos conseils.

M. L. Pothier, propriétaire à Fronsac, par Dourille (Dordogne), m'écrit le 4 courant :

« J'ai fait un essai sur 45 ares qui m'ont produit quinze fois la semence dans un terrain médiocre. Il est bon de vous dire que cette petite expérience a attiré l'attention de plusieurs propriétaires et ils me demandaient d'où venait cette différence avec les blés voisins. D'après les explications et les conseils que je leur donnai plusieurs en essayeront. J'ajoute qu'à l'avenir tout le blé que je ferai venir sera traité dans les mêmes conditions. »

M. Pimouquet, propriétaire à Bardesse, commune de Mandacou, canton d'Issigeac, m'écrit à son côté :

« Pour me bien rendre compte, j'ai employé les engrais dans différents endroits de terres non fumées depuis bien des années et qui donnent ordinairement une petite moyenne de paille, mais dont le rendement en grain est médiocre. J'ai employé 100 kilog. de scories sur une contenance de 12 à 13 ares et, au printemps, du nitrate de soude, à raison de 200 kilog. à l'hectare. Le blé, semé à la mode ordinaire du pays, a beaucoup souffert de la gelée dans toute la pièce, qui contient environ 50 ares; mais là où j'avais employé les scories, il y a eu beaucoup moins de mal. Aussi, après l'épandage du nitrate, a-t-il pris une vigueur magnifique, et je ne crains pas de dire que, dans cette portion, la récolte était triple de ce qu'elle était dans le reste de la pièce. A côté, j'ai employé du nitrate sans scories : là, au printemps, le blé a bien pris de la verdeur, mais les tiges n'ont pas pris un grand développement, et, c'est à peine si j'ai été rémunéré de la dépense. Dans d'autres terres de coteau, très calcaires, qui donnent peu de paille, mais relativement beaucoup de grain, le nitrate seul m'a donné de très beaux résultats, mais avec les scories, quoique la différence fût moins grande que dans la première pièce, le rendement a encore été supérieur. Inutile de vous dire que je ferai mon possible pour encourager mes voisins à en faire l'essai.

« Cette année, notamment, M. Boissière, maire de Monsaguel, que vous connaissez sans doute comme un excellent agriculteur, est décidé à employer beaucoup de scories et de nitrate. Je ne puis, donc, monsieur, que vous remercier encore d'avoir bien voulu me donner les renseignements qui m'ont amenés aux bons résultats que j'ai obtenus. »

Les renseignements verbaux fournis par les intéressés me permettent de vous citer encore les résultats suivants : M. Jérôme Monteil, propriétaire à la Mouline près Bergerac, a obtenu de l'emploi des scories et du nitrate des rendements de 17 et 21 pour 1 de semence, suivant les terrains ; M. Branda, pharmacien à Bergerac, a eu, dans sa propriété de Saint-Agne, près Bergerac, en terres, il est vrai, excellentes, de qualité similaire à celles de la Graulet, que vous avez analysées, le magnifique rendement de 19 hectolitres sur 45 ares (42 hectol. 2 à l'hectare) avec 59 kilos de semence, soit plus de 28 1/2 pour 1 de semence. (Je lui avais fourni pour la semence de mon blé Kissengland sélectionné.) Le blé de M. Branda ne pèse que 76 kilos à l'hectolitre, ayant versé ; la quantité de 200 kilos de nitrate à l'hectare était, je crois, trop forte, étant donnée la richesse naturelle du sol.

M. Pozzi-Escot, en me rendant compte des essais de culture de blé dont je viens de parler, m'écrivait ce qui suit :

Le rendement des céréales a sensiblement baissé dans notre région depuis une trentaine d'années. J'ai, comme point de comparaison, les notes de culture de mon grand-père s'appliquant à deux métairies de 40 hectares environ chacune, situées sur la rive gauche de la Dordogne, dans la partie la plus fertile de la plaine de Bergerac.

De 1837 à 1852, le rendement moyen de ces deux métairies était de 17 hectolitres de blé à l'hectare ; il a atteint, dans certaines années, 23 hectolitres, et parfois il est descendu à 12. J'ai eu occasion de suivre de près le rendement de ces mêmes propriétés, sous une autre administration, de 1870 à 1884. Pendant cette période, le rendement moyen n'a été que de 15 hectolitres ; le plus élevé atteignant 19 hectolitres et le plus faible tombant à 9 hectolitres.

Depuis une dizaine d'années, le rendement moyen de cette région me paraît être de 14 hectolitres environ pour le froment ; de 25 hectolitres pour l'avoine ; le maximum de 18 hectolitres, pour les blés, étant rarement atteint. Pour l'avoine, les deux extrêmes vont de 30 hectolitres, très exceptionnellement, à 15 hectolitres. Le poids de la paille, récoltée à l'hectare, ne dépasse pas 2,000 kilogrammes en moyenne. On emploie 225 litres de semence à l'hectare. On sème trop tard, du 15 octobre au 15 novembre, et presque jamais sur fumure récente, et quelle fumure! 20.000 à 25,000 kilogrammes de mauvais fumier, mal fait, pailleux et lavé par les pluies, passent pour un maximum que peu de cultivateurs se permettent. Les instruments perfectionnés, semoirs, scarificateurs, etc., font défaut, pas un seul des grands propriétaires ne se décidant à

les introduire dans leurs exploitations. Le gros
bétail est rare ; en moyenne, il n'atteint pas le chiffre
d'une bête pour 3 hectares dans la plaine et beaucoup moins dans le reste du pays.

Ainsi donc, de 17 hectolitres en 1840, le rendement moyen en blé est tombé à 14 hectolitres
à l'hectare, soit 3 hectolitres, ou plus de 18 0/0
de la récolte d'il y a un demi-siècle. Ce résultat,
qui n'est pas exclusif au département de la Dordogne, semble confirmer l'opinion que l'élévation du rendement moyen du sol français en blé
qui, vers 1840, n'atteignait pas 14 hectolitres et
qui est aujourd'hui à près de 16, est dû bien
plus à l'accroissement très notable de nombreuses cultures partielles qu'à l'augmentation
de la production sur la plus grande partie des
terres consacrées à la culture du blé. Quoi qu'il
en soit de la valeur de cette hypothèse, il n'est
pas douteux que la diminution signalée par
M. Pozzi-Escot tient à l'appauvrissement pro-
gressif du sol de la Dordogne, par suite de la
soustraction des matières fertilisantes insuffisamment compensées par la médiocre fumure
indiquée plus haut. Comme l'a constaté la statistique officielle, en 1891, la récolte moyenne n'a
pas dépassé, en Dordogne, le chiffre de 10 hectolitres à l'hectare, si tant est qu'elle l'ait atteint.
Voilà donc un département dans lequel on
récoltait en moyenne :

En 1840................ 17 hect. à l'hect.
De 1880 à 1890........ 14 —   —

et qui n'a donné en 1891 que 10 hectolitres.

Les résultats obtenus, depuis quatre ans, à Mont-de-Neyrac, par M. Pozzi-Escot, tirent de ces constatations numériques une importance toute spéciale. Ils nous apportent, en effet, une démonstration de plus d'une vérité trop méconnue encore de la plupart de nos petits cultivateurs, à savoir qu'on peut, en sol médiocre, dans une année mauvaise, obtenir des récoltes très rémunératrices.

En pareille matière, on ne saurait trop multiplier les exemples précis du succès des bonnes méthodes culturales. La publication d'un extrait de la lettre que m'a adressé M. Georges Dethan, agriculteur au château de la Côte, me paraît propre à servir très utilement la cause que je défends avec une persistance rendue chaque jour plus tenace, à raison des témoignages nombreux que les cultivateurs m'apportent de l'efficacité des moyens que je voudrais faire pénétrer jusque dans les plus humbles de nos exploitations rurales.

Parmi les sols qui constituent le territoire français, il en est deux catégories qui couvrent des superficies immenses : les terres argilo-siliceuses et les terres calcaires. Je viens de faire connaître les résultats excellents obtenus en sol de la première catégorie (silicéo-argileux) par l'emploi simultané des phosphates et du nitrate de soude : 28 à 35 hectolitres de blé en sol pauvre, alors que, par les procédés de fumure usités dans le voisinage, on récoltait cette année 6 à 8 hectolitres seulement. Dans le même département, mais en sol franchement calcaire, M. G. Dethan n'a pas employé avec moins de

succès, en grande culture, les engrais phosphatés et azotés, comme on va le voir par sa correspondance. La dissemblance totale de la constitution des terres emblavées par MM. Pozzi-
Escot et Dethan donne aux rapprochements
faciles à faire, entre les beaux résultats qu'ils
ont obtenus, dans l'une des plus mauvaises
années que nous ayons subies depuis longtemps, un intérêt considérable : ils doivent
être un puissant encouragement pour les cultivateurs désireux de préparer, pour les années
prochaines, une revanche éclatante sur la campagne de 1890-1891.

Voici ce que m'écrivait M. G. Dethan à la date
du 14 octobre 1891 :

Château de la Côte, par Bourdeilles (Dordogne).

... Veuillez me permettre de venir vous donner
quelques renseignements sur les résultats que j'ai
obtenus depuis plusieurs années dans une autre
partie de la Dordogne (dans des terres assez différentes de celles de M. Pozzi-Escot, puisque les
miennes sont fort chargées en calcaire), en opérant
sur toute une sole de blé qui comprend chaque année 12 à 15 hectares. Ceci ne s'applique qu'à une
partie de ma propriété que j'exploite en faire-valoir
direct; l'autre partie est cultivée par des métayers
qui jusqu'ici s'étaient montrés rebelles aux amélio-
rations et innovations.

Dans la période de 1882 à 1885, nos rendements
en blés, obtenus sans engrais commerciaux et suivant les procédés de culture usités dans le pays,
variaient de 8 quint. mét. 6 à 12 quint. mét. de grains
à l'hectare, moyenne 10 quint. mét. 7 (14 hectolit.
environ).

A cette époque, l'analyse de mes terres démontra leur insuffisance très notable en acide phosphorique. Ces terres étant très calcaires, l'emploi du superphosphate était tout indiqué (1). En 1886 et 1887, je commençai à employer les superphosphates seuls ; les rendements s'élevèrent à 12 quint. mét. 2, en 1886, et à 14 quint. mét. 7 de grains par hectare, l'année suivante. A partir de la récolte de 1888, j'employai, concurremment avec le superphosphate, du nitrate de soude : la production s'éleva aussitôt, en 1888, à 19 quint. mét. 2 de grains à l'hectare ; en 1889, année où il a plu beaucoup à l'époque de la floraison, on ne récolte que 17 quint. mét. 30 ; en 1890, on atteint 21 quint. mét. 6. En même temps, la récolte de paille a doublé. Dans la période de 1882 à 1885, celle-ci était de 1,500 kilogrammes à 2,000 kilogrammes à l'hectare ; aujourd'hui elle est de plus de 4,000 kilogrammes. Les blés, qui avaient 1 mètre de hauteur, ont maintenant de 1 m. 80 à 2 mètres.

J'ai l'habitude de semer mes blés de bonne heure ; actuellement, au 15 octobre, j'ai plus de la moitié de mes blés en terre ; l'année dernière, à pareille époque, cette proportion était même dépassée. Aussi, la plupart de mes blés ont peu souffert de la température rigoureuse de l'hiver dernier et, cependant, le thermomètre est descendu ici à — 18°, sans neige. Les blés exposés au midi avaient peu souffert ; quelques pièces exposées au nord et semées

---

(1) J'ai dit, à plusieurs reprises, qu'en général les superphosphates donnent, en sol calcaire, de meilleurs résultats que les phosphates minéraux non traités par l'acide sulfurique. On n'a pas donné jusqu'ici d'explication bien nette de ce fait d'observation pratique; dans certains terrains extra calcaires on a attribué l'action des superphosphates à l'absence d'acide sulfurique dans le sol; mais les preuves certaines à l'appui de cette interprétation font encore défaut.   L. GR.

plus tardivement étaient, après l'hiver, plus endommagées, mais sous l'action de vigoureuses fumures au nitrate de soude, répandu dans les pièces les plus atteintes, à la dose de 180 et même de 200 kilogrammes à l'hectare, le blé a tallé et a repris bon aspect. Sur une surface de 12 hectares je n'ai dû répandre au printemps qu'un hectolitre de semence (blé de Bordeaux semé dans les premiers jours de mars). Aussi, malgré cet hiver rigoureux, ma récolte de blé sur mon faire-valoir a été, cette année, la meilleure que j'aie jamais eue; dans la partie exploitée par mes métayers, c'est, au contraire, la plus piteuse récolte qu'il ait jamais été donné de voir et, cependant, les terres sont situées côte à côte.

Un autre fléau de l'année a été la rouille qui, chez nos métayers et chez nos voisins, a ravagé la plus grande partie des blés, ne laissant qu'un grain petit, ridé, impropre à la semence. Grâce, sans doute, à leur précocité, à leur vigueur, les miens ont été préservés : ils étaient mûrs, lorsque la rouille s'est produite.

En résumé, ma récolte, sur une surface totale de 11 hectares 74, atteint, à l'hectare, une moyenne de 26 quint. mét. 08 de grain bien plein. Seulement' vu la saison pluvieuse, le blé avait été rentré humide et l'hectolitre de grain ne pesait que 75 kilos, ce qui donne un rendement moyen de 34 hectolit. 77 par hectare (près de 21 hectolitres de plus que la moyenne de cette année).

Les principales variétés de blé cultivées ont été :

Le blé rouge de Bordeaux (sur 5 hectares 43), qui a donné une moyenne de 25 quint. mét. 33 à l'hectare, atteignant dans la meilleure pièce 31 quint. mét. 05 (41 hectolit. 4), descendant, dans la moins bonne, à 19 quint. mét. 62.

Le blé Kissengland, cultivé sur 64 ares, qui a donné 22 quint. mét. 05 de grains à l'hectare.

Le même blé, mélangé de Bordeaux, cultivé sur 1 hectare 51, a atteint 26 quint. mét. à l'hectare.

Le blé de Bordeaux, en mélange avec le blé Lamed, cultivé sur 2 hectares 50, a fourni 31 quint. mét. 44 de grains à l'hectare (42 hectolitres).

Enfin, le blé jaune à barbe de Desprez de Capelle (Nord), cultivé sur 82 ares, a donné 32 quint. mét. 01 à l'hectare (près de 43 hectolitres!)

Les meilleurs rendements ont donc été fournis par le blé jaune à barbe Desprez, le mélange de Bordeaux et Lamed, le blé de Bordeaux pur : les rendements dépassent 40 hectolitres à l'hectare ou s'approchent beaucoup de ce chiffre.

La quantité moyenne d'engrais employé a été de 4 à 600 kilogrammes de superphosphate (13 pour 100 à 15 pour 100 d'acide phosphorique) par hectare. La dose de nitrate a varié de 65 à 200 kilogrammes par hectare, suivant l'état de végétation des différentes pièces de terre et le degré auquel elles avaient été éprouvées par la gelée. La dose de 200 kilogrammes n'a été atteinte que sur les parties paraissant sérieusement éprouvées.

Pendant que j'obtenais les chiffres ci-dessus, mes métayers avaient une récolte moyenne de 8 hectolitres par hectare : ce pouvait être à peu près la moyenne de la contrée. (M. G. Dethan a donc récolté à l'hectare cinq fois autant de blé que ses voisins.)

En comparant les résultats que je viens de vous indiquer avec ceux de la période 1882-85, on voit que le rendement a plus que doublé ; il n'a pas encore triplé ; mais avec le temps, j'ai l'espoir d'y arriver. Ce résultat est-il dû entièrement à l'emplo- des engrais commerciaux? En grande partie ; cependant, je dois ajouter que des terres mieux fumées un meilleur outillage, car tout mon matériel a été renouvelé depuis cette époque, l'emploi de charrue, double-brabant, herses Howard, semoir en ligne, rouleau Croskill, etc., enfin le sarclage des blés ont dû aussi contribuer à cette élévation des rendements.

Je tenais à vous faire part de ces chiffres, pour vous confirmer, dans la même région et en grande culture, les résultats obtenus par vos honorables correspondants sur des champs d'expérience plus restreints. Je voulais prouver que, même dans nos terres assez inférieures et longtemps mal entretenues du Périgord, on pouvait atteindre des rendements qui, sans égaler ceux des terres depuis longtemps améliorées du pays Nord, ne s'en éloignent plus, du moins trop sensiblement. Je serais très heureux si l'apport de mon modeste contingent pouvait être de quelque utilité à la vulgarisation des procédés de culture que vous ne cessez de recommander.

Si l'on rapproche les faits constatés dans cette lettre de ceux que j'ai rapportés précédemment, on est frappé de leur concordance, malgré la profonde différence des terres de MM. Pozzi-Escot et G. Dethan.

En sol siliceux, comme en sol calcaire, l'acide phosphorique et le nitrate de soude ont donné ou rendu au blé, après les rigueurs extrêmes de l'hiver, une vigueur remarquable permettant à la plante de taller, de se développer incomparablement mieux que les blés voisins et de résister aux atteintes de la rouille, qui, à Mont-de-Neyrac comme à la Côte, a porté le dernier coup à la récolte des voisins de mes correspondants. 180 kilogrammes d'acide phosphorique dans le cas de l'emploi des scories; moitié de cette dose environ dans le cas des superphosphates, préférables en sol calcaire, ont suffi, avec l'aide de 60 à 200 kilogrammes de nitrate (à l'hectare), suivant les allures de la récolte, à produire des rendements presque égaux à ceux des terres de première qualité du centre ou du nord de la France, tant en grain qu'en paille. Les rendements obtenus à Mont-de-Neyrac sur de petites surfaces ont été atteints et parfois dépassés en grande culture à la Côte ; enfin, la densité du grain (poids de l'hectolitre) a dépassé de beaucoup, surtout à Mont-de-Neyrac, celle des misérables blés de la région.

TABLE DES MATIÈRES

Documents à consulter

Paris. — Imp. C. PARISET, 101, rue Richelieu.

NOMBRE DE PLANTES A L'HECTARE

Plantations en ligne : en carré et en quinconce

Écartement m.	CARRÉ	QUINCONCES	ECARTEMENTS DES LIGNES L'UNE DE L'AUTRE (1)							
	Nombre de plants		0m30	0m40	0m50	0m60	0m70	0m80	0m90	1m00
			Nombre de piéds à l'hectare							
0,10	1.000.000	1.154.700	333.333	250.000	200.000	166.667	142.857	125.000	111.111	100.000
0,15	444.444	513.148	222.222	166.667	133.333	111.111	95.238	83.333	74.074	66.667
0,20	250.000	288.675	166.667	125.000	100.000	83.333	71.428	62.500	55.556	50.000
0,25	160.000	184.752	133.333	100.000	80.000	66.667	57.142	50.000	44.444	40.000
0,30	111.111	128.300	111.111	83.333	66.667	55.556	47.619	41.667	37.037	33.333
0,35	81.631	94.259	95.238	71.429	57.142	47.618	40.816	35.714	31.746	28.572
0,40	62.500	72.169	83.333	62.500	50.000	41.667	35.714	31.250	27.778	25.000
0,45	49.382	57.021	74.066	55.556	44.444	37.036	31.746	27.778	24.692	22.222
0,50	40.000	46.188	66.667	50.000	40.000	33.333	28.571	25.000	22.222	20.000
0,55	33.058	37.172	60.606	45.454	36.363	30.303	25.974	22.727	20.202	18.182
0,60	27.778	32.075	55.556	41.667	33.333	27.778	23.809	20.833	18.518	16.667
0,65	23.669	27.331	51.282	38.461	30.769	25.641	21.978	19.231	17.094	15.384
0,70	20.408	23.565	47.619	35.714	28.571	23.809	20.408	17.857	15.873	14.286
0,75	17.777	20.438	44.444	33.333	26.667	22.222	19.048	16.667	14.815	13.333
0,80	15.625	18.042	41.667	31.250	25.000	20.833	17.857	15.625	13.889	12.500
0,85	13.841	15.982	39.218	29.412	23.529	19.608	16.807	14.706	13.072	11.764
0,90	12.346	14.256	37.033	27.778	22.222	18.518	15.873	13.889	12.346	11.111
0,95	11.080	12.794	35.088	26.316	21.053	17.544	15.038	13.158	11.696	10.526
1,00	10.000	11.547	33.333	25.000	20.000	16.667	14.285	12.500	11.111	10.000
1,10	8.264	9.543	—	—	—	—	—	—	—	—
1,20	6.944	8.019	—	—	—	—	—	—	—	—
1,30	5.917	6.833	—	—	—	—	—	—	—	—
1,40	5.102	5.891	—	—	—	—	—	—	—	—
1,50	4.444	5.132	—	—	—	—	—	—	—	—
1,60	3.906	4.511	—	—	—	—	—	—	—	—
1,70	3.460	3.996	—	—	—	—	—	—	—	—
1,80	3.086	3.564	—	—	—	—	—	—	—	—
1,90	2.770	3.199	—	—	—	—	—	—	—	—
2,00	2.500	2.887	—	—	—	—	—	—	—	—

Cette table, empruntée au Calendrier de H. Thiel et E. Wolff, sert à déterminer, sans calculs, le nombre de plants nécessaire, par hectare, pour la création d'une vigne, d'une houblonnière, etc... ainsi que le nombre de plants existant dans un champ.

Si l'on a, par exemple, planté des pommes de terre à 0 m. 60 d'espacement sur les ligne distantes l'une de l'autre de 0 m. 70, on trouve à l'intersection de la 11e ligne de la première colonne avec la 11e ligne de la 8e colonne, le nombre de plants, à l'hectare : 23,809.